# 耦合交通-电力系统
# 韧性分析的优化模型框架

王洪苹 方一平 著

北京邮电大学出版社
www.buptpress.com

**图书在版编目（CIP）数据**

耦合交通-电力系统韧性分析的优化模型框架 / 王洪苹, 方一平著. -- 北京：北京邮电大学出版社, 2025.
ISBN 978-7-5635-7595-4

Ⅰ．TM715

中国国家版本馆 CIP 数据核字第 202502G23P 号

策划编辑：彭　楠　　责任编辑：王小莹　　责任校对：张会良　　封面设计：七星博纳

| | |
|---|---|
| 出版发行： | 北京邮电大学出版社 |
| 社　　址： | 北京市海淀区西土城路 10 号 |
| 邮政编码： | 100876 |
| 发 行 部： | 电话：010-62282185　传真：010-62283578 |
| E-mail： | publish@bupt.edu.cn |
| 经　　销： | 各地新华书店 |
| 印　　刷： | 保定市中画美凯印刷有限公司 |
| 开　　本： | 720 mm×1 000 mm　1/16 |
| 印　　张： | 9 |
| 字　　数： | 147 千字 |
| 版　　次： | 2025 年 8 月第 1 版 |
| 印　　次： | 2025 年 8 月第 1 次印刷 |

ISBN 978-7-5635-7595-4　　　　　　　　　　　　　　　　　　定价：58.00 元

· 如有印装质量问题，请与北京邮电大学出版社发行部联系 ·

# 前　言

随着全球能源转型与交通电气化进程的加速，电动汽车的规模化普及与快速充电站的密集部署，正在重塑交通网络与电力系统的交互模式。电气化路网与电力网络的深度耦合，既为能源低碳化提供了技术路径，也因系统间复杂的物理约束与动态关联而引入了新型风险。这种跨域耦合系统的脆弱性在极端事件频发的背景下尤为凸显，亟须构建兼顾运行效率与风险防控的系统韧性分析框架。本书立足于这一前沿交叉领域，旨在建立交通-电力耦合系统的数学模型与优化理论体系，为提升双网协同韧性提供方法论支撑。

本书的核心贡献在于构建了一套覆盖"建模-仿真-优化-评估"的创新框架。在建模层面，本书避免传统独立系统分析的局限性，率先提出基于元胞传输模型与交流潮流模型的动态耦合仿真框架，通过引入电动汽车续航里程约束、快充站容量差异及充电过程动态特性，实现了混合交通流与电力潮流的时空耦合表征。针对大规模网络计算效率瓶颈，本书进一步提出基于链路传输模型的改进优化模型，显著提升了复杂场景下的求解能力。

在风险传播机制研究方面，本书揭示了交通拥堵与电网故障的跨域连锁效应。通过建立事件驱动的场景生成方法，本书量化分析了电气化路网中交通异常对电网线路过载与电压失稳的传导路径，并通过构建概率风险分析模型评估了耦合系统的脆弱环节。为了评估电气化路网的韧性，本书研究了快充站故障导致的系统性能下降问题。结果表明，在高速公路入口附近部署快充站并维持其运行是增强系统韧性的相关因素。

针对耦合系统的优化运行，本书分别研究了在正常工况下和故障后恢复阶段的系统最优运行状态。在正常工况下，通过设计分散式、集中式及信息共享三类决策模型，本书实证了跨域信息共享可以显著降低运营成本和可再生能源整合损失。在故障后恢复阶段，本书创新性地构建了混合整数规划模型，将路网逆流重构与电网线路切换策略嵌入交通-电力协同恢复流程，算例表明该方案可有效减少系统性能损失。

本书的主要结构如下：第 1 章剖析耦合交通-电力系统面临的韧性挑战；第 2 章详述系统建模方法；第 3~4 章探讨风险传播与评估模型；第 5~6 章分别阐述正常工况与故障工况下的优化决策体系；第 7 章总结与未来工作展望。各章均配备典型算例，为理论方法提供实践佐证。

本书研究得到国家留学基金委项目（编号：201606990003）和北京邮电大学基本科研业务费项目（编号：2023RC37）的资助，在此深表谢忱。真诚感谢我的博士生导师 Enrico Zio 和方一平教授，他们的悉心指导，使我在学术研究上有了进一步的成长，也为本书的编写奠定了重要基础。特别感谢我的硕士生导师邓勇教授带我进入学术界的大门。感谢我的研究生费梦飞和代佳对本书的整理和翻译工作。

限于作者水平，书中难免存在疏漏之处，恳请学界同仁不吝指正。冀望本书能为交通-能源交叉学科发展注入新动能，为新型电力系统与智慧交通的协同演进提供理论基石。

王洪苹

2025 年 5 月于北京邮电大学

# 目　录

## 第 1 章　引言 ·········································································· 1
### 1.1　韧性评估 ····································································· 2
### 1.2　研究问题 ····································································· 4
#### 1.2.1　ERN 建模 ···························································· 5
#### 1.2.2　考虑交通拥堵影响的 PN 风险评估 ······················· 9
#### 1.2.3　考虑充电基础设施故障影响的 ERN 韧性评估 ······ 9
#### 1.2.4　不同决策环境 ···················································· 11
#### 1.2.5　灾后最优重构 ···················································· 13
### 1.3　研究目标和贡献 ························································· 15

## 第 2 章　系统模型 ································································· 18
### 2.1　模拟交通与电力系统 ·················································· 18
#### 2.1.1　元胞传输模型 ···················································· 19
#### 2.1.2　电动汽车充电模型 ············································ 22
#### 2.1.3　交流潮流模型 ···················································· 23
### 2.2　基于元胞传输模型的电气化路网优化模型 ················· 23
### 2.3　基于链路传输模型的电气化路网优化模型 ················· 31
#### 2.3.1　基于链路传输模型的系统最优动态交通分配问题 ····· 31
#### 2.3.2　基于电力链路传输模型的系统最优动态交通分配问题 ···· 34

## 第 3 章　考虑交通拥堵影响的电网风险分析 ························· 39
### 3.1　风险分析 ··································································· 39
#### 3.1.1　道路交通事故建模 ············································ 39
#### 3.1.2　严重程度量化 ···················································· 42
#### 3.1.3　风险场景模拟流程 ············································ 44
### 3.2　应用 ·········································································· 45
#### 3.2.1　数据描述 ··························································· 45

- 1 -

|    |       | 3.2.2 性能测试 ········································ 49 |
|---|---|---|

        3.2.2   性能测试 ·················································································· 49
        3.2.3   结果与分析 ············································································· 50
   3.3   结论 ····································································································· 56

## 第 4 章　考虑快充站故障的电气化路网韧性评估 ································· 58
   4.1   充电站故障过程的两阶段模型 ······················································· 59
   4.2   韧性评估指标 ···················································································· 61
   4.3   数值示例 ···························································································· 63
        4.3.1   数据描述 ················································································· 64
        4.3.2   结果与分析 ············································································· 68
   4.4   结论 ····································································································· 73

## 第 5 章　不同决策环境下的动态交通-电力系统协同 ······························ 75
   5.1   最优潮流模型 ···················································································· 75
   5.2   不同决策环境建模 ············································································ 77
        5.2.1   分散式决策环境 ····································································· 77
        5.2.2   集中式决策环境 ····································································· 78
        5.2.3   信息共享决策环境 ································································· 79
   5.3   数值实验与结果 ················································································ 80
        5.3.1   案例研究与系统配置 ····························································· 80
        5.3.2   实验说明与结果 ····································································· 80
   5.4   结论 ····································································································· 83

## 第 6 章　交通-电力系统的最优灾后重构 ················································ 84
   6.1   基础设施模型与重新配置问题构建 ··············································· 84
        6.1.1   ERN 重构 ················································································ 85
        6.1.2   PN 重构 ··················································································· 87
        6.1.3   耦合交通-电力网络重构 ······················································· 88
   6.2   案例研究 ···························································································· 90
        6.2.1   不同响应资源水平的影响 ····················································· 92
        6.2.2   不同 EV 渗透率和决策环境下的解决方案 ······················ 94

6.3 结论·················································································96
## 第 7 章 总结与未来工作展望·····················································97
7.1 总结·················································································97
7.2 未来工作展望·····································································99
**参考文献**·················································································100
**附录 A** 考虑快充站故障的电动汽车充电网络韧性评估补充信息·········115
A.1 示例数据·········································································115
A.2 系统最优（SO）条件··························································118
A.3 先进先出·········································································119
A.4 说明性示例·····································································119
  A.4.1 场景 1·······································································120
  A.4.2 场景 2·······································································121
  A.4.3 场景 3·······································································123
  A.4.4 场景 4·······································································124
A.5 计算时间·········································································125
**附录 B** "不同决策环境下的动态交通-电力系统协同"使用数据说明·····128
**附录 C** "交通-电力系统的最优灾后重构"使用数据说明·················131

# 第 1 章

# 引 言

电动汽车（Electric Vehicle，EV）被认为是减少温室气体排放和化石燃料资源短缺的有效途径[1]。电池和无线充电等 EV 辅助技术也在不断进步。中国、美国、法国、英国和瑞典等都已经启动了相关政策，并建立了国际合作关系，以加快 EV 和充电基础设施在全球的部署[2-3]。在这种情况下，由于 EV 在电网中的渗透率越来越高，道路网络（Road Network，RN）和电力网络（Power Network，PN）正变得越来越相互依赖。这种相互依存性虽然可以提高 PN 和 RN 系统的运行效率，但会带来新的危险，并在 PN 和 RN 各自独立的系统内部以及两系统之间引入额外的故障传播渠道，从而产生新的脆弱性。特别是，当发生高影响低概率事件（如地震、飓风、暴雨引发的洪水）时，其后果可能是毁灭性的。例如：2003 年，北美大停电导致 5 000 万用户停电；2012 年，在飓风桑迪登陆期间，新泽西州 65% 的居民遭遇电力系统断电；2021 年 7 月，特大暴雨导致中国河南省郑州市发生全城洪水，洪水严重破坏了包括交通和电力系统在内的关键基础设施，估计直接经济损失约为 880 亿元。鉴于这些突发事件的频率和强度不断增加，各个国家和地区迫切需要增强区域网络和国家网络的抗灾能力。

为了应对上述挑战，本书的目标是提出一个框架，用以分析在 EV 和电网支持的快速充电站（Fast-Charging Station，FCS）高度渗透的背景下，耦合交通-电力系统的韧性。为了实现这一目标，本书首先需要构建一个电气化路网（Electrified Road Network，ERN）模型，用以描述 EV 和电网支持的 FCS 的关键特征，从而表征 FCS 的时空分布充电负荷，并将其反馈到耦合的 PN 操作中。然后，PN 根据当前的系统状态和技术约束，给出每个 FCS 的定址边际价格（Locational Marginal Price，LMP）和可用性。另外，FCS 的可用性和充电价格（即 LMP）会影响 EV 驾驶员和非电动汽车驾驶员的路线选择，因为 EV 驾驶员共享 FCS 的有限容量，且 EV 驾驶员和非电动（non-EV）汽车驾驶员共享道路的有限容量。因此，交通流模式会受到 FCS 状态和充电价格（即 LMP）的影响，这进而影响充电需求的分布。PN 和 RN 之间的相互作用可以从上述角度被描述。基于所提出的系统模型，本书重点分析了文献中较少涉及的跨系统风险：在分析 PN 的风险时，考虑了交通拥堵带来的干扰；在评估 RN 的韧性时，考虑了 FCS 故障。为了增强交通-电力系统的韧性，本书旨在提供在正常条件下的最佳运行方案以及在发生破坏性事件时的重配置方案。

本章其余部分的安排如下：1.1节和1.2节简要介绍研究的背景和存在的开放问题；1.3节讨论本文的研究目标和主要贡献。

## 1.1 韧性评估

1972 年，Holling[4] 首次在生态系统中引入了"韧性"这一概念。此后，这一概念被广泛应用于从精神病学到关键基础设施系统等多个领域。文献中给出了许多具有相似本质的韧性定义。这里，我们列出了一些在关键基础设施系统背景下，由声誉良好且具有重要影响力的机构提出的定义：

- "The ability to prepare for and adapt to changing conditions and withstand and recover rapidly from disruptions. Resilience includes the ability to withstand and recover from deliberate attacks, accidents, or naturally occurring threats or incidents." —— Presidential Policy Directive (PPD-21)[5]

  韧性是指在发生干扰的背景下做好准备并适应变化、承受变化并迅速从干扰中恢复的能力。韧性包括承受并从故意攻击、事故或自然发生的威胁或事件中恢复的能力。

- "The ability of a system, community or society exposed to hazards to resist, absorb, accommodate to and recover from the effects of a hazard in a timely and efficient manner, including through the preservation and restoration of its essential basic structures and functions." —— United Nations Office for Disaster Reduction[6]

韧性是指一个系统、社区或社会在面临危害时，能够抵御、吸收、适应并及时有效地从危害的影响中恢复的能力，这种能力是指保护和恢复其基本结构和功能的能力。

- "The ability to plan and prepare for, absorb, recover from, and adapt to adverse events." —— National Academies of Science[7]
  韧性是指规划、准备、吸收、恢复以及适应不利事件的能力。
- "The ability to anticipate, absorb, adapt to and/or rapidly recover from a disruptive event." —— U.K. Cabinet Office
  韧性是指预见、吸收、适应和/或迅速从破坏性事件中恢复的能力。
- "The capability to mitigate against significant all-hazards risks and incidents, and to expeditiously recover and reconstitute critical services with minimum damage to public safety and health, the economy, and national security." —— The ASCE Committee[8]
  韧性是指能够减少重大灾害风险和事件带来的影响，并能够迅速恢复和重建关键服务，尽量减少对公共安全与健康、经济和国家安全的损害的能力。
- "The ability to prepare and plan for, absorb, recover from, or more successfully adapt to actual or potential adverse events." —— The National Research Council[9]
  韧性是指为实际或潜在的不利事件做好准备和规划、承受、恢复或更成功地适应的能力。

尽管基础设施系统中对韧性的定义尚未达成共识，但许多定义都具备相似的本质，即韧性是系统准备、吸收、恢复和适应干扰的能力[10]。图1.1展示了系统在遭遇破坏性事件时，性能随时间的演变过程。该演变可分为三个阶段：正常阶段是从系统初始运行时间 $t_0$ 到破坏发生时刻 $t_1$；故障阶段是从破坏发生时刻 $t_1$ 到系统性能达到最低值时刻 $t_2$；恢复阶段是从系统性能恢复开始到系统性能恢复到稳定状态时刻 $t_3$。在正常阶段，系统可以通过决策支持和先进的预测功能等预防性措施，为应对和预见干扰做好准备。在故障阶段，系统可采用纠正性措施，如纠正人为错误，来帮助吸收干扰，减少系统性能损失。在恢复阶段，系统可以采取应急措施（如重新配置系统拓扑结构和调度应急资源），并采取恢复性策略（如调配修复人员），以恢复系统服务。基于韧性采取的行动旨在最小化系统性能损失，而系统性能损失通常通过目标性能曲线与韧性性能曲线之间的面积来表示。韧性性能曲线与次韧性性能曲线之间的面积则表示执行韧性导向措施的价值。

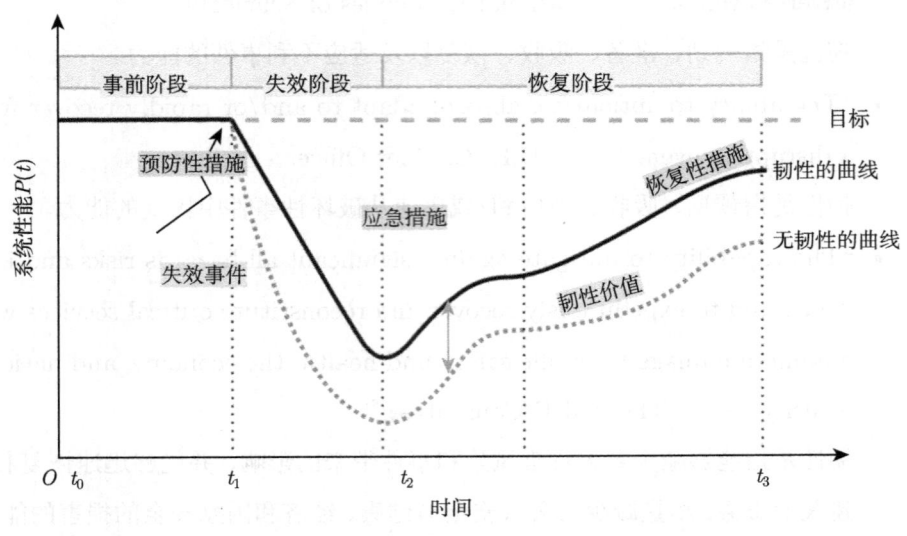

图 1.1 系统性能随时间的变化

韧性不同于其他概念（如风险、脆弱性、可靠性和鲁棒性）。风险关注的是事件对系统的威胁，而非系统的恢复能力[11]。脆弱性描述了系统对潜在故障和干扰的敏感性[12]。可靠性描述了系统在给定时间内执行其功能的能力[13]。鲁棒性描述了系统在没有显著性能损失的情况下承受外部急性冲击的能力[14]。韧性则描述了系统从破坏到恢复的演变过程。感兴趣的读者可以参考文献 [14] 和 [15]，以获得更详细的描述。

## 1.2 研究问题

为了构建评估耦合交通-电力系统韧性的框架，首要的研究问题是如何恰当地建模相关系统组件的关键特征和物理约束。相关研究以及需要考虑的关键特征将在1.2.1节中讨论。在1.2.2节中，我们将简要介绍考虑交通拥堵引起的干扰对 PN 风险分析的研究空白。在1.2.3节中，我们将回顾评估针对传统 RN 韧性的相关研究工作。在1.2.4节和1.2.5节中,我们回顾了与 RN 和 PN 决策环境及破坏后恢复策略相关的研究。

## 1.2.1 ERN 建模

近年来,ERN 在耦合系统中的作用开始得到认可[16-17]。例如,交通系统的动态特性引发的 EV 充电负荷时空分布,可能对现有 PN 的稳定性构成威胁。然而,现代 RN 由大量元素组成,是庞大且复杂的物理系统。这使得如何在不失一般性的情况下恰当合理地建模它们成为一个棘手的问题。EV 作为连接 RN 和 PN 的桥梁,是研究中的重要对象[18]。已有大量研究探讨了耦合交通-电力系统,这些研究大致可以根据 EV 的建模方式分为单一车辆模型和流量车辆模型两类。

在单一车辆模型中,排队理论模型通常用于估算 FCS 的等待时间。Bae 等[19]提出了一个基于交通流模型和 M/M/s 排队理论的 EV 快速充电站充电需求数学模型。Dong 等[20]提出了一种考虑了信息交互的基于排队模型的 EV 高速公路 FCS 负荷预测方法。基于仿真方法的模型也被用于充电负荷的建模。Mu 等[21]提出了一个基于起点-终点分析和蒙特卡洛(MC)仿真的时空充电模型,其用于评估对城市配电网络的影响。García-Villalobos 等[22]提出了一个多目标智能充电算法,旨在最小化 EV 用户的充电成本和负荷波动。Wu 等[23]提出了一个集中式 EV 充电控制模型,用以调度 EV 充电。概率和随机方法被用来描述充电负荷的不确定性。Tang 等[24]提出了一个概率模型,基于随机旅行链和马尔可夫决策过程对节点的充电需求以及 EV 负荷的时空特征进行了建模。Tang 等[25]提出了一种方法,用以评估和减轻集成电力和交通系统中 EV 充电和移动的随机性影响。Kim 等[26]提出了一个随机模型和用于 EV 电池充电系统的充电调度方法。Luo 等[27]基于交通系统信息和电网系统信息,提出了一种针对不同类型 EV 的最优充电调度策略。如上所述,针对单一车辆模型的研究更多地关注局部特征,例如个体的行为和模式,这种研究可以提供相对准确的局部结果,但代价是计算具有较高的复杂性并需要较长的计算时间。

流量车辆模型通常应用于与优化相关的研究。这些模型通常需要解决交通分配问题。典型的交通分配问题是将给定的起点-终点出行需求分配到 RN 中的各条路线，从而评估道路段上的旅行时间和交通流量。一般的研究中普遍使用以下两个原则：Wardrop 的第一原则和第二原则[28]。Wardrop 的第一原则也称为"用户均衡"，当没有任何旅行者能通过单方面改变路线来减少旅行成本时，系统的分配情况便达到了均衡状态。Wardrop 的第二原则也称为"系统最优"，假设所有旅行者协同选择路线，所有旅行者的总旅行成本最小化。这种情况可以出现在整个系统由某个中央机构控制的情况下，如在破坏性事件发生后，系统由应急响应部门接管控制。此外，通过精心设计的道路收费机制，这种情况也可以实现。理论规范和实践应用可以参考文献 [29] 和 [30]。Wu 等[31] 提出了一个用于优化 EV 公共快速充电站选址的随机流量捕获位置模型。Wei 等[32] 引入了 ERN 的数学模型，以研究道路容量退化对 RN 的影响。Wei 等[33] 提出了一个假设 EV 在城市 ERN 中通过无线充电进行充电情景下的全局最优的交通-电力流模型，用以确定最佳的发电调度和拥堵收费。Wei 等[34] 提出了一个整体建模框架，用以研究耦合网络中交通流和电力流之间的相互作用。上述的研究工作使用了静态交通分配（Static Traffic Assignment，STA）模型，它们无法考虑 EV 的时序特征。与静态和半动态模型相比，动态模型能够描述时间变化的出行需求和关键的交通流动态，例如溢出、耗散和排队积聚[35]。静态、半动态以及动态交通分配模型的比较见表1.1。

表 1.1　静态、半动态以及动态交通分配模型的比较

| 模型 | 时间间隔 | 多阶段 | 交通动态特性 |
| --- | --- | --- | --- |
| STA | 90 min | × | × |
| Semi-DTA | 15~90 min | ✓ | 残余流量传播 |
| DTA | 15 min | ✓ | 流量传播 |

注：× 表示不适用；✓表示适用。

正确地建模 EV 和 FCS 的详细物理特征，对于充分研究 ERN 与 PN 之间的相互作用是非常重要的。接下来，我们列出了一些在研究交通-电力系统相互依赖性时需要建模的关键特征，并讨论了这些特征在文献中的研究方式。文献中这些特征的详细比较列于表1.2中。该表列出了每项研究中考虑的决策环境，相关内容将在1.2.4节中讨论。

**动态性**（耦合系统特征）：由于以下原因，准确合理地研究电气化道路和 PN

间的相互作用需要一个动态交通-电力系统模型：① EV 的时空特性；②交通流的时间变化演化；③电力发电机的功率限制。但是大多数现有研究仅考虑了静态模型[18,36-39]。然而，近年来越来越多的研究开始关注动态[40-41]或半动态[42]交通-电力系统的建模。

表 1.2　相关文献中考虑因素的总结

| 文献 | 决策环境 | 动态特性 | EV 特性 | | | | ERN 特性 | |
|---|---|---|---|---|---|---|---|---|
| | | | 充电时间 | 充电需求 | 行驶范围 | 初始电池状态 | GV | 快充站容量 |
| [43] | 集中式 | ✓ | × | (A3) | × | × | × | × |
| [40] | 信息有限共享 | ✓ | × | (A3) | × | × | × | ✓ |
| [44] | 集中式 | ✓ | (A1) | (A2) | × | × | × | ✓ |
| [42] | 集中式 | ✓ | × | (A3) | × | × | × | × |
| [36] | 集中式 | × | ✓ | ✓ | ✓ | ✓ | ✓ | × |
| [37] | 信息充分共享 | × | ✓ | (A2) | × | (A4) | ✓ | ✓ |
| [18] | 集中式 | × | × | (A3) | ✓ | ✓ | ✓ | ✓ |
| [38] | 信息充分共享 | × | (A1) | (A2) | × | × | ✓ | ✓ |
| [39] | 集中式 | × | (A1) | (A2) | × | × | ✓ | ✓ |

注：× 表示不适用；✓表示适用。

**充电时间**（EV 特征）：当考虑时间价值时，充电时间是旅行时间成本的一部分。文献 [38] 和 [39] 假设所有 EV 都有（A1）相同的外生给定的固定充电时间。这个假设被标记为（A1）。

**充电需求**（EV 特征）：它影响 EV 驾驶员的充电成本，并且会影响电力生产以及电力流分布。文献 [18]、[37]~[39] 假设所有 EV 的充电需求（A2）相同，且为外生给定的固定充电需求；文献 [18]、[40]、[42] 假设充电需求（A3）仅与通过 FCS 的交通流量相关，而没有考虑实际的充电需求。这可能导致 EV 在没有考虑剩余电池容量的情况下多次充电，从而高估充电需求。

**驾驶范围/电池容量**（EV 特征）：它影响 EV 在一次旅行中需要充电的次数。

**初始充电状态**（State of Charge, SoC）（EV 特征）：它影响在时间区间开始时是否需要为 EV 充电。如果需要，EV 的初始 SoC 会影响 EV 能够到达哪些 FCS 而不耗尽电池。文献 [37] 假设（A4）EV 能够到达任何 FCS。这个假设可能导致分配的充电点超出 EV 剩余的驾驶范围。

**燃油汽车混合比例**（ERN 特征）：EV 和燃油汽车竞争有限的道路容量。

**FCS 容量**（ERN 特征）：EV 竞争 FCS 中有限的充电容量。

为了填补上述研究空白，本书提出了一个框架，用以评估耦合交通-电力系统的韧性。该框架提出了一个仿真模型来模拟假设 EV 在运行中进行无线充电的情景，该模型描述了时空分布的充电需求。随后，本书提出了一个优化模型来建模 ERN，假设 EV 在 FCS 充电，并刻画了 EV 和 FCS 的物理特征。该仿真模型和优化模型均基于元胞传输模型（Cell Transmission Model，CTM）。最后，本书通过基于链路传输模型（Link Transmission Model，LTM）的方法提高了基于 CTM 的优化模型的计算效率。基于 CTM 和 LTM 的优化模型都被应用于解决考虑 EV 和 FCS 的系统最优动态交通分配（System Optimal Dynamic Traffic Assignment，SO-DTA）问题，其中 EV 的充电位置和时间是在模型中给定的，而不是像之前提出的仿真模型中那样外生给定的。

CTM 首次由 Daganzo[45,46] 提出，用以模拟一条直线路段的交通流。Ziliaskopoulos[47] 将仿真模型转化为线性规划（Linear Programming，LP）模型，用以解决单一目的地 SO-DTA 问题。Doan 等[48] 解决了 Ziliaskopoulos 工作中提到的"车辆滞留问题"，并将 CTM 扩展到能够解决多个起点-终点（Origin-Destination，O-D）对情况下的交通流分配问题。Zhu 等[49] 提出了一个简单的惩罚标签法来解决多个 O-D 对情况下的车辆滞留问题。Lo 等[50] 基于 CTM 网络版本开发了动态用户最优分配问题的变分不等式公式。Han 等[51] 提出了基于 CTM 的动态用户均衡问题的互补性公式，其适用于单一 O-D 对的情况。Ukkusuri 等[52] 将之前的工作扩展到普通网络可以使用的版本。Mehrabipour 等[53] 提出了一个分解方案，用以求解多个 O-D 对的 CTM 基础的 SO-DTA 问题，相较于原始方法，其具有较低的计算负担。最近，CTM 得到进一步改进，以应对未来智能交通系统背景下的新挑战，例如建模连接车辆的主动驾驶行为[54] 和解决共享自动驾驶车辆的路线问题[55]。LTM 由 Yperman[56] 提出，并使用 Newell[57-59] 提出的理论。Bliemer 等[35] 和 Raadsen 等[60] 比较了 CTM 和 LTM 在假设条件和解决方法上的差异，特别是在描述宏观交通流行为的基本图方面。LTM 不需要像 CTM 那样将空间离散化为均匀元胞，这使得该模型比 CTM 更加准确且高效。

另外，LTM 需要一个凹形的基本图，而 CTM 在基本图的形状上具备更高的灵活性。然而在 ERN 背景下，CTM 和 LTM 都很少被用来解决 EV 所带来的问题。

### 1.2.2 考虑交通拥堵影响的 PN 风险评估

在耦合交通-电力系统的研究中，大多数研究考虑了 RN 的标准情境，即流畅的交通流，而忽略了在现实中会频繁出现的交通拥堵。交通拥堵可能导致严重的旅行时间延迟和额外的能量消耗（例如使用空调）。忽略这些因素可能导致无法捕捉到 EV 充电负荷的实际时空特征，且交通拥堵的影响可能超越 RN 的边界，进入电力系统。例如，在高峰时段的交通拥堵后当多个车辆到达 FCS 时，可能会有大量的 EV 在短时间内连接到 PN，这可能会导致电压不稳定和电路过载。

关于 PN 的风险[61]、可靠性[62]、安全性和弹性[63-65]，以及 RN[66-68] 的相关研究已经有很多文献。然而，关于耦合交通-电力系统的类似研究较少[69-74]。其中，一些研究[69-71]主要集中在车网互动（Vehicle-to-Grid，V2G）情境下，文献 [72] 和 [73] 则集中在信号化交通-电力分配系统上，这不属于本书的研究范围。Hou 等[74] 研究了考虑可再生能源和 EV 集成的 RN 与 PN 的可靠性评估。文献 [74] 的研究侧重于评估考虑双向 EV 充电负荷的电力生产适应性，而本书的研究则集中于量化由交通拥堵引起的电压不稳定和电路过载的风险。

### 1.2.3 考虑充电基础设施故障影响的 ERN 韧性评估

充电基础设施在将两个网络连接起来、确保它们可靠运行方面发挥着至关重要的作用。因此，充电基础设施的运行安全性引起了越来越多的关注。Burnham 等[75] 提到，EV 与充电设备之间的私密和安全通信使得一个庞大的快速充电网络可能会出现重大的网络安全问题。不仅个别车辆或 FCS 可能会受到安全漏洞的影响，而且 RN 或 PN 也可能受到波及。Mao 等[76] 讨论了超快充电对 EV 充电网络引发的传输级联故障问题。Li 等[77] 分析了智能 EV 充电网络中三种类型恶意攻击的特征，并提出了一种基于时间序列的关联状态分析方法。Wang 等[78] 评估了大规模 FCS 在接入可再生能源发电时的电气安全性，考虑了三种故障情景：①设施退化与 FCS 保护失败；② FCS 与电力公司的网络攻击；③可再生能源输出与 FCS 需求之间的潜在不匹配。另外，FCS 依赖 PN 提供电力，而 PN 的停电并不罕见，例如，2019 年 8 月英国就发生了停电事件[79]。这种依赖可能导致一个或多个 FCS 因连接的电网故障而无法同时运行。因此，无法为 EV 提供电力可能会在日益扩展的 ERN 中引发扰动。

RN 是一个关键基础设施，在社会运作中发挥着至关重要的支撑作用。许多旨在评估传统 RN 在面对突发自然灾害（如地震和飓风）以及恶意行为时的韧性的研究[66,80-81]已经开展。在 RN 的韧性分析中，主要有三类方法：基于优化的方法、基于仿真的方法以及基于数据驱动的方法。

基于优化的方法通常用于解决预定义的决策目标。在交通分配问题中，通常寻求用户均衡或系统最优（SO）目标来进行路线选择。例如，Nogal 等[82] 提出了一种新的动态均衡约束分配模型，以最小化当某些路段因道路维修而降低容量时旅行成本总和。旅行成本和路段负载被用作韧性指标来量化扰动的影响。Nogal 等[83] 通过将用户的随机行为纳入目标函数，改进了这一工作。Zhang 等[67] 提出了一个双层数学优化模型，用以在紧急疏散期间面对交通需求急剧增加时重新配置网络，以增强 RN 的韧性。在这项工作中，下层问题被建模为一个用户均衡交通分配问题，上层问题则是最小化总旅行时间。所有乘客的总旅行时间被用来量化系统性能。

基于仿真的方法通常使用微观交通仿真和图论来模拟 RN 交通。Ganin 等[84] 研究了 RN 的韧性和效率。引力模型和渗流理论被用来模拟交通需求和演变。效率通过每个驾驶员的年平均延迟来量化，韧性则通过自然灾害下效率的变化来评估，这些灾害被建模为随机过程，并且其发生的可能性与道路长度成正比。Ganin 等[85] 采用了类似的 RN 建模方法和低效量化方式，评估了智能交通系统（Intelligent Transportation System，ITS）的韧性，考虑了对交叉口和由 ITS 控制的道路的恶意攻击（随机和有针对性的干扰）。干扰导致的额外延迟被用来估计系统的韧性。Wang 等[86] 使用 Aimsun 微观仿真软件模拟了高速公路上有车辆违规的交通状态，结合高速公路的韧性能力考虑了事故发生的概率。

与前两类方法不同，基于数据驱动的方法直接利用历史数据，而不考虑系统的物理机制。随着技术的进步，监控数据在 RN 韧性评估中的应用受到越来越多的关注。例如，Achillopoulou 等[87] 基于对当前最先进技术的全面回顾，制定了一个基于监控的交通基础设施韧性量化路线图。这项研究讨论了扩展的结构和功能监控数据的回顾与评估,能够用于支持暴露在自然和人为灾害下的交通基础设施的韧性评估。同时,社会感知也被考虑用于帮助基础设施的韧性管理。Roy 等[88]和 Zhang 等[89]使用社交媒体数据评估基础设施(如 RN 等)中断的类型和位置,并分析飓风发生后的中断及其对社会的影响。

ERN 韧性方向的研究空白主要包括:①越来越多地在现代 RN 中部署 EV 和充电基础设施(如 FCS),但关于充电基础设施故障及其对 RN 影响的研究较少;②针对 ERN 韧性评估的研究非常有限。现有的大多数韧性指标不能直接使用,因为它们无法捕捉新组件故障后的功能损失。因此,需要新的指标来捕捉充电基础设施故障对 ERN 整体和局部的影响。为填补上述研究空白,本书旨在提出一个框架,用以评估在充电基础设施潜在故障下 ERN 的韧性;同时,提出相关指标,用以量化 ERN 的性能及充电基础设施故障的影响。

### 1.2.4 不同决策环境

EV 在全球范围内的部署日益增加[90],这得益于它们在减少温室气体排放、提升经济可行性以及为用户提供便捷性等方面的潜力。然而,这也为 RN 和 PN 带来了新的挑战。在规划行程时,EV 驾驶员需要考虑不同 FCS 的充电成本和时间。电力价格和充电基础设施的分布会影响交通模式。一方面,EV 的充电模式所带来的空间和时间上的充电需求会影响电力流的分配,从而对现有 PN 的运行构成挑战。另一方面,这也为通过车网交换来高效运行电力系统提供了机会,有助于在可再生能源整合增加的情况下稳定电力流。在这种情况下,PN 与 ERN 通过电力价格和充电需求的动态变化相互作用。这种相互作用不仅给两者系统的控制和运行带来挑战,也为促进它们之间的整合与通信提供了机会。

近年来,如何在考虑 EV 充电的情况下对耦合的 ERN 和 PN 进行建模、操作和控制,已引起了广泛关注[91-93]。已有多个框架[94-96]被提出和被用于建模交通与电力系统的相互作用,其中大多数模型都通过电力价格、充电负荷和交通收费来实现交通流与电力流的相互作用。在本书中,我们认为 ERN 中的交通流与电力流通过各个 FCS 的充电需求以及相应的 LMP 相互依赖。在这一相互作用过程中，从 ERN 运营者的角度来看，动态电力价格（即 LMP）和充电基础设施的容量都是重要参数。前者由 PN 提供，后者是 ERN 的一个关键物理特征。两者都会影响 EV 驾驶员和非电动汽车驾驶员的路线选择，因为 EV 驾驶员共享充电基础设施的有限容量，EV 驾驶员与非电动汽车驾驶员共享道路的有限容量。因此，交通流模式会受到这两个因素的影响，进而影响充电需求的分布。从 PN 运营者的角度来看，来自 ERN 的空间和时间充电需求的准确数据有助于管理电力生产并平衡系统的电力流。空间和时间充电负荷会影响电力流的分布，受 PN 约束的影响，如电网和发电机的容量限制以及发电机的调度限制。电力流分布反过来会影响 LMP，进而影响交通流分布。通过这种方式，ERN 和 PN 相互作用，充电基础设施和 EV 在这一相互依赖的交通-电力系统中扮演着关键角色。充电基础设施是连接 ERN 和 PN 的接口，而 EV 则是推动交通流与电力流相互作用的动力。2.3 节提出的基于 LTM 的 ERN 模型用于建模 EV 和充电基础设施的详细物理特性，从而研究两个网络之间的相互作用。

此外，表1.2总结了几种考虑交通-电力系统协作的决策环境。集中式决策环境具备一个单一的运营者，以完全集成的方式控制 ERN 和 PN。其目标通常是实现社会最优。信息共享决策环境描述的是 ERN 和 PN 独立运营，但可以在每个时间步的开始[40] 或在时间范围的开始[37-38,41] 共享其运营计划的情况。它们自身的计划不需要根据接收到的信息进行更改。同时，它们也可以交换计划，进行多轮共享。表1.2中的信息充分共享意味着 ERN 运营者和 PN 运营者共享信息，直到收敛（例如，交通流模式和充电价格的变化小于阈值[37]）或达到最大迭代轮次。如文献 [37]、[38]、[40] 所示，在信息充分共享的情况下，解决方案趋近于 ERN 和 PN 之间的均衡。此外，文献 [41] 证明，如果在 PN 中使用 LMP，则社会最优是一个一般均衡，其中 PN 运营者是非营利性的，其目标是在技术安全约束下平衡电力供应和需求。由于 PN 运营者注重福利，因此可以引导自利的 ERN 运营者朝着社会的最优方向发展。更多讨论请参见文献 [41]。如表1.2所示，目前关于在不同决策环境下交通-电力系统相互作用的系统分析的研究较少。本书旨在探讨在集中式、分散式和信息共享决策环境下交通-电力系统的协调问题。

## 1.2.5 灾后最优重构

如1.1节所述，近年来，韧性的概念得到了广泛讨论，研究者重点关注在发生破坏性事件时如何提高系统恢复能力。紧急响应和快速恢复被认为是增强系统韧性以应对破坏事件的重要手段，许多研究已探讨了 RN 和 PN 在发生破坏事件后的最优恢复方案。

针对 PN，重新配置作为一种有效的紧急响应策略，已被广泛研究[97-99]。重新配置旨在恢复服务并增强系统的韧性。通常，最大化网络韧性和最小化重新配置操作次数是所提出的优化模型的目标。例如：Sekhavatmanesh 等[100] 提出了智能电网中多智能体自动化的概念，旨在通过最少的切换操作在发生破坏事件后恢复最大的负荷；Sabouhi 等[101] 提出了一种应对大风事件的网络运行重配置策略，以最大化网络韧性并同时最小化线路切换次数。有时，破坏事件后的孤岛操作与非孤岛操作会被视为不同的情况。Agrawal 等[102] 提出了一种自愈算法，通过重新配置网络来恢复最大优先级负荷，并且在停电期间避免进行孤岛操作。Guimaraes 等[103] 则提出了一种三阶段算法，用以配电网络的动态重配置，该算法考虑孤岛操作。具体来说，该算法的三个阶段包括每小时计算网络重配置方案、减少配置次数、生成最优的拓扑序列。Li 等[104] 提出了一个完全去中心化的多智能体系统概念，用以构建配电网络的恢复服务框架。基于这一概念，Li 等[104] 提出了一种带有故意孤岛操作的网络重配置算法，以实现服务恢复。除了网络重配置外，还可以考虑其他纠正措施，例如发电机重新调度、分布式能源存储系统的控制以及带负荷调压器的操作，这些都可以作为补充策略来增强电力系统的韧性。Liberati 等[105] 提出了一种控制系统，通过对网络重配置、分布式能源存储系统的控制以及带负荷调压器的操作来优化电网运行。Sekhavatmanesh 等[106] 开发了一个分析性和全局优化模型，以寻找最有效的恢复计划，其目标是最小化停运节点的数量，并尽可能减少纠正措施的数量，所考虑的纠正措施包括网络重配置、调压设备的电压调节设定修改、节点负荷拒绝以及配电发电机的有功/无功功率调度。Zhang 等[107] 引入了两阶段随机模型，以应对恢复过程中的发电和需求的不确定性。在大规模输电网络中，该研究采用了切换输电线路和发电机重新调度策略来最大化恢复充电负荷。Nazemi 等[108] 提出了一个框架，用以建模电力系统的地震影响和脆弱性。该框架考虑了发电重新调度策略和纠正的网络拓扑控制，以最大化地震后负荷中断的恢复。

对于 RN 的研究通常分为短期恢复和长期恢复两种情况。短期恢复通常采用重新配置网络拓扑和控制交通信号灯两种方法来提高 RN 在破坏性事件发生后的韧性。例如，Wang 等[109] 考虑运输系统供需两侧的重配置，提出了一种集成重配置策略。在该研究中，交通需求通过异构车辆队列进行重配置，而网络拓扑则通过异构逆向车流控制进行重配置。随后，他们进一步完善了该框架[110]，将测量和改进纳入韧性分析中。为了最大化系统韧性，他们采用了两种策略。第一种策略通过结合不同的交通模式，整合供需两侧的重配置，以减少交通需求。第二种策略则采用逆向车流策略，以提高交通容量。Chiou[111] 提出了一种依赖时间段的交通响应信号控制模型，用以提高城市 RN 的韧性。Koutsoukos 等[112] 开发了一个建模和仿真集成平台，用以实验和评估韧性交通系统。该研究的实例研究了在拒绝服务攻击情况下的韧性交通信号控制。对于长期恢复，调度维修队伍、分配资源以及确定 RN 中各个组件的恢复优先级通常是主要的策略。Wu 等[113] 提出了一种评估 RN 韧性的方法，并开发了一个恢复优先级指标，用以支持地震后受损桥梁的恢复工作。Zhao 等[114] 提出了一个双目标双层优化框架，用以确定最优的 RN 恢复计划。下层问题采用弹性用户均衡模型，以模拟需求与供给之间的失衡；上层问题则通过双目标数学编程来确定道路恢复的最优资源分配方案。

考虑到 RN 和 PN 之间日益紧密的耦合关系，如何将两者作为一个整体进行建模和运营已引起了广泛关注[37,95]。然而，只有少数研究探讨了在破坏性事件发生后，如何以集成的方式恢复耦合的交通-电力网络。此外，这些研究大多集中于在 RN 约束下最小化 PN 性能损失的问题。后续学者们提出了一些解决方案，包括优化移动储能系统（Mobile Energy Storage System，MESS)、移动能源的调度与路径规划[115-118]、维修队伍的协调[116-118]，以及线路切换策略[116-117]。研究交通-电力网络的最佳服务恢复的关键问题之一是如何恰当地建模这两个耦合系统的接口。Wang 等[119] 通过交通信号灯和移动应急资源（如移动应急发电机、移动储能系统、电动公交车和维修队伍）将 PN 与城市 RN 耦合在一起。PN 中负荷恢复的移动应急资源的可用性与其在 RN 中的调度密切相关,Wang 等考虑了 PN 驱动的交通信号灯对交通流的影响。并且,Wang 等提出了一种服务恢复方法,旨在最大化 PN 和 RN 两个系统的恢复效率。Li 等[120] 提出了一个联合灾后 PN 恢复的优化模型,考虑了 PN 恢复与具备 V2G 储能能力的电动公交车的协调调度。停运的公交车可在指定区域通过充电设备将电力反馈给电网,以应对存在的需求。剩余公交车的调度应满足乘客的运输需求。

与现有研究不同,本书考虑了 RN 和 PN 通过网联 EV 及其充电需求而耦合。由于 EV 和充电设施在全球范围内的部署逐渐增多[90],RN 和 PN 不可避免地愈加紧密地耦合在一起。FCS 因自然灾害而导致电力中断的风险也引发了重视[121-122]。本书的重点是联合重构 RN 和 PN,以最小化中断后两个网络的整体性能损失。具体而言,RN 中的道路链路和 PN 中的线路可能会因自然灾害或恶意攻击而同时遭到破坏。在 RN 中,车辆可能需要绕行,因此,RN 的性能(以在特定时间段内满足的交通需求为评估标准)可能会下降。由于绕行,FCS 中 EV 的数量及单个 EV 的充电需求可能会增加。这种充电需求可能会对后续 PN 造成负担,PN 可能需要削减部分 EV 充电负荷来保护 PN,以免于全面停运。因此,FCS 服务的不可用性进一步影响充电需求模式,进而降低 RN 的性能。为弥补上述研究空白,本书旨在提供交通-电力系统的重构方案,以提高系统在发生破坏性事件时的韧性。

## 1.3 研究目标和贡献

为应对上述挑战,本书旨在提出一个框架,用以评估耦合交通-电力系统的韧性。在这一框架下,本书将研究以下内容:

- 提出系统模型,用以描述 RN 和 PN 之间的动态相互作用,并充分捕捉两个网络的关键特征和物理约束;
- 开发一个框架,用以分析由交通拥堵引发的 PN 风险,这些拥堵源自与 ERN 相连接的部分;
- 提出动态交通-电力系统模型,并研究在不同决策环境下交通-电力系统的协调工作；
- 为突发事件后交通-电力系统服务恢复的应急响应，提供优化后的重配置和操作方案。

本书的主要贡献如下所示。

（1）第2章：为 ERN 开发仿真和优化模型
- 在现有研究中，EV 的行驶范围、充电时间以及 EV 的时空特性等 ERN 的特点尚未得到充分体现。本书基于 CTM 提出了一种新型的 LP 模型，用以解决与 ERN 特点集成的 SO-DAT 问题。该模型首次定义了充电元胞（链接）、排队元胞（链接）和能量水平等新的组件来适应 EV 和 FCS 的特征。
- 本书提出了一种新型的、能够捕捉时空交通流演化和充电需求的动态交通-电力系统模型。与静态模型相比，动态模型能够提供更准确的充电负荷信息。
- 基于利用 CTM 构建的 LP 模型，本书进一步提出了一个电气链路传输模型（electric Link Transmission Model, eLTM)，该 eLTM 能够大幅提高计算效率。该 eLTM 模型充分考虑了表1.2中总结的 EV 和 ERN 的关键特性。此外，该模型还考虑了具有不同驾驶范围的 EV 类别、FCS 中具有不同充电功率的充电器以及 EV 的充电过程。这些扩展使得该模型能够在不同应用场景和不同粒度下使用。
- 据我们所知，本书是首个将 EV 的电池容量离散化，并将 SO-DTA 问题与 EV 和 FCS 的特性整合为数学线性优化问题的研究。

（2）第3和4章：研究从耦合网络传播的干扰的影响
- 本书所提出的基于流量-车辆方法的风险评估框架，能够从系统层面研究电力系统和交通系统之间的相互作用及故障传播。一般来说，这种系统层面的描述是微观建模无法实现的。因为微观建模仅考虑局部或个体的信息。此外，在大多数流量-车辆研究方法中，交通状况通常被视为静态或正常的状态，而本书则捕捉了交通系统的动态和时间特性。
- 在耦合交通-电力系统的研究中，鲜有文献考虑实时交通状况。实时交通状况为电力和交通基础设施之间的相互作用研究提供了新的角度。从这个角度来看,本书填补了在交通-电力系统背景下考虑实时交通状况的研究空白。

- 与现有文献不同,本书主要侧重于量化交通拥堵对电力配电网络的影响,并探讨风险情境特征与其造成后果之间的潜在关系。这有助于我们更好地理解如何在面对 EV 数量增加而带来的挑战时,优化和更新现有的电力和交通基础设施。

- 本书提出了一个方法框架,用以评估在 FCS 故障下 ERN 的韧性。该框架在 RN 与 PN 日益耦合的背景下具有重要的实际意义,但现有文献很少涉及。

- 本书将基于 CTM 的 LP 模型扩展为二阶段模型,将其用来捕捉在不同 FCS 故障情境下系统的响应,从而提供一个统一的系统韧性分析框架。

- 本书提出了两个指标,用以量化所研究系统的韧性,这两个指标分别是 ERN 的累积吞吐量和 FCS 的累积利用率。

(3)第5和6章:一般情况和灾后情况下耦合交通-电力网络的最优操作与重构

- 本书系统地研究了集中式、分散式和信息共享三种决策环境下交通-电力系统的运行,并制定了不同决策环境下的目标函数;提出了一种迭代算法来求解集中优化问题;考虑了 FCS 的充电拥堵水平、充电价格、充电需求、可再生能源的整合等因素,对三种环境进行了比较。

- 据我们所知,本书是首个研究基于电网的 EV 与 FCS 的相互依存关系,并探讨耦合交通-电力系统恢复和网络拓扑控制的研究。

- 在耦合交通-电力系统模型中,路网中的道路反向和 PN 中的线路关闭这两种策略能够通过公式化表达。在独立的 RN 和 PN 模型中,道路反向和 PN 中的线路关闭是两种策略,它们分别研究在耦合交通-电力系统和独立的 RN 与 PN 中的公式化表达。

- 在耦合交通-电力系统模型中,本书提出了一个集成了系统最优动态交通分配和直流潮流的问题,通过解决该问题能够得到最优的交通-电力流方案。

# 第 2 章
# 系 统 模 型

在本章中，我们首先提出了一个模拟框架，用以研究交通与电力耦合系统的运行情况。在此框架内，我们采用了 CTM[45-46] 来描述交通随时间演变的情况，模拟交通拥堵的产生与消散，并计算与电力网络的一条母线相对应区域内的电动汽车数量；提出了一种电动汽车充电模型，用于估算电动汽车时空充电负荷。之后，我们将此类数据输入交流电力模型，以计算电力网络的运行参数。第3章所提出的模拟框架被用于量化电力网络的风险。为了描述电动汽车和快速充电站在 ERN 中更详细的关键特性，本章提出了一种基于 CTM 的线性规划优化模型，用以解决系统最优动态交通分配问题。本章所提出的模型能够描述 FCS 的位置、容量和充电速度，以及电动汽车的续航里程、充电时间和荷电状态等特性。第4章所提出的 ERN 模型被用于评估电气化路网的韧性。为了缩短基于元胞传输模型的优化模型的计算时间，本章进一步开发了一种基于链路传输模型的优化模型，该模型还被扩展至能考虑不同类型的电动汽车以及交通流中电动汽车和燃油汽车（Gasoline Vehicle, GV）的混合情况。第5章和第6章采用了基于 LTM 的优化模型，以研究交通与电力耦合系统在不同决策环境下的最优运行情况，以及在发生故障时的最优重构解决方案。

本章其余部分的结构安排如下：2.1节介绍交通与电力耦合系统的模拟框架；2.2节构建了基于 CTM 的优化模型，用以解决在考虑电动汽车和快速充电站的同时考虑 SO-DTA 的问题；2.3节进一步提出了基于 LTM 的优化模型，以提高效率。

## 2.1 模拟交通与电力系统

为了获取电动汽车的时空充电负荷，交通模型需要捕捉动态交通流，并在时空维度上模拟交通事件的演变情况。CTM 是一种能够满足上述要求的交通模拟模型。对于实时模拟，交流潮流模型可用于近似模拟 PN 的真实状态。本章采用了单相交流电力模型[123]，因为相较于三相交流电，它能以较低的计算复杂度对实际潮流行为提供高质量的近似模拟。[124]

接下来将简要介绍元胞传输模型和交流潮流模型。

### 2.1.1 元胞传输模型

Daganzo[45] 在 1994 年首次提出了针对单一路段的基本 CTM。1995 年[46]，该模型被扩展应用于网络交通领域。这一模型能够预测交通流随时间在 RN 上的演变情况。

在该模型中，一条道路被划分成均质路段，这些路段被称作元胞，元胞长度 ($L_C$) 等于一辆典型车辆在一个时间段 ($\tau$) 内以自由流速度 ($v_f$) 行驶的距离，即 $L_C = v_f \times \tau$。在任意时刻 $t$，系统的状态由每个元胞 $x_i(t)$ 的元胞占有率来确定。设 $\mathcal{I}$ 为元胞集合，$\mathcal{O}$ 为连接集合。CTM 的基本思想是，在时段 $t+1$ 期间元胞 $i$ 中的车辆数量等于其在时段 $t$ 的占有率加上流入量，再减去流出量，即

$$x_i(t+1) = x_i(t) + \sum_{k \in \Gamma^{-1}(i)} y_{k,i}(t) - \sum_{j \in \Gamma^{+1}(i)} y_{i,j}(t), \forall i \in \mathcal{I}, \forall t \in \mathcal{T} \tag{2.1}$$

其中，$\Gamma^{-1}(i)$ 和 $\Gamma^{+1}(i)$ 分别表示元胞 $i$ 的前驱元胞集合和后继元胞集合，$y_{k,i}(t)$ 和 $y_{i,j}(t)$ 分别表示从元胞 $k$ 流向元胞 $i$ 以及从元胞 $i$ 流向元胞 $j$ 的车辆数量，并且它们会根据元胞类型进行更新。元胞有三种类型：普通元胞 ($\mathcal{C}_O$)、合流元胞 ($\mathcal{C}_M$) 和分流元胞 ($\mathcal{C}_D$)。此处将简要介绍它们的更新规则，更多详细内容可查阅文献 [45] 和 [46]。

本章为每个元胞定义了两个特征。在时间区间 $t$ 内，元胞 $i$ 能够发送和接收的最大流量的定义如下：

$$S_i(t) = \min\{x_i(t), f_i^O(t)\} \tag{2.2}$$

和

$$R_i(t) = \min\{f_i^I(t), (\delta[N_i(t) - x_i(t)])\} \tag{2.3}$$

其中，$\delta$ 表示元胞 $i$ 的正向与反向冲击波传播速度之比，$\delta = w/v_f$。$w$ 是反向波速，即交通拥堵时扰动向后传播的速度，$v$ 是自由流速度。$N_i(t)$ 是元胞 $i$ 中所能

容纳的最大车辆数。$f_i^I(t)$ 和 $f_i^O(t)$ 分别是在时段 $t$ 内能够流入和流出元胞 $i$ 的最大车辆数。元胞 $i$ 的发送能力在时刻 $t$ 受其自身车辆占有率和流出能力的限制。考虑到元胞 $i$ 冲击波的影响，其接收能力受流入能力和剩余空间的限制。

基本上，两个元胞之间的流量受上游元胞的发送能力和下游元胞的接收能力的限制，其由以下分段线性方程来表述：

$$y_{i,j}(t) = \min\{x_i(t), f_i^O(t), f_j^I(t), \delta(N_j(t) - x_j(t))\} \tag{2.4}$$

关于计算一个元胞流入量和流出量的更具体的方程，它们由元胞的类型决定，并将在以下内容中进行介绍。

（1）普通元胞

如果一个元胞只有一个后继元胞（$|\Gamma^{+1}(i)| = 1$）以及一个前驱元胞（$|\Gamma^{-1}(i)| = 1$），那么它就被定义为普通元胞（$\mathcal{C}_O$）。在时间区间 $t$ 内流入元胞 $i$ 的实际流量由其前驱元胞能够发送的流量以及它自身能够接收的流量决定，其计算公式如下：

$$y_{k,i}(t) = \min\{S_k(t), R_i(t)\} \tag{2.5}$$

$$y_{i,j}(t) = \min\{S_i(t), R_j(t)\} \tag{2.6}$$

（2）合流元胞

合流元胞（$\mathcal{C}_M$）是指那些具有两个或更多前驱元胞（$|\Gamma^{-1}(i)| \geqslant 2$）且只有一个后继元胞（$|\Gamma^{+1}(i)| = 1$）的元胞。合流元胞的流出量 $y_{i,j}(t)$ 遵循公式 (2.6)。其流入量可通过求解以下线性规划最大化问题来确定：

$$\max \sum_{k \in \Gamma^{-1}(i)} y_{k,i}(t) \tag{2.7}$$

s.t.:

$$\begin{cases} y_{k,i}(t) \leqslant S_k(t) \\ \sum_k y_{k,i}(t) \leqslant R_i(t) \\ \forall k \in \Gamma^{-1}(i), \forall i \in \mathcal{C}_M, \forall t \in \mathcal{T} \end{cases} \tag{2.8}$$

其中，第一个方程表明前驱元胞发送的流量受相应发送能力的限制，第二个方程表示前驱元胞发送的总流量应处于元胞 $i$ 的接收能力范围之内。

基于上述方程,合流元胞的流入量仍无法确定。在 Daganzo 的模型[45-46] 中,其目的是模拟交通演变情况而非进行优化。因此,一个合流元胞只允许有两个前驱元胞,它们分别由元胞 $A$ 和元胞 $B$ ($\Gamma^{-1}(i) = \{A, B\}$) 来表示。如果一个合流元胞存在多个前驱元胞,那么该结构可转变为用多个具有两个前驱元胞的合流元胞来表示。在此种表示方式下,根据合流元胞 $i$ 的接收能力,解决方案可分为以下两种情况。

a. 如果 $R_i(t) \geqslant S_A(t) + S_B(t)$,那么我们有

$$y_{A,i}(t) = S_A(t), \; y_{B,i}(t) = S_B(t) \tag{2.9}$$

b. 如果 $R_i(t) < S_A(t) + S_B(t)$,那么会外生地给定两个与时间相关的参数 $P_{A,i}(t)$ 和 $P_{B,i}(t)$,它们用于表示交叉路口各进口道的信号控制情况和优先等级。然后,我们有

$$\begin{cases} y_{A,i}(t) = \mathrm{mid}\{S_A(t), R_i(t) - S_B(t), R_i(t) \cdot P_{A,i}(t)\} \\ y_{B,i}(t) = \mathrm{mid}\{S_B(t), R_i(t) - S_A(t), R_i(t) \cdot P_{B,i}(t)\} \\ y_{A,i}(t) + y_{B,i}(t) = R_i(t) \\ P_{A,i}(t) + P_{B,i}(t) = 1 \end{cases} \tag{2.10}$$

(3) 分流元胞

分流元胞 ($\mathcal{C}_D$) 被定义为具有一个前驱元胞 ($|\Gamma^{-1}(i)| = 1$) 以及多个后继元胞 ($|\Gamma^{-1}(i)| \geqslant 2$) 的元胞。与合流元胞类似,分流元胞的流入量遵循公式 (2.5)。其流出量遵循以下方程:

$$\max \sum_{j \in \Gamma^{+1}(i)} y_{i,j}(t) \tag{2.11}$$

s.t.:

$$\begin{cases} y_{i,j}(t) \leqslant R_j(t) \\ \sum_j y_{i,j}(t) \leqslant S_i(t) \\ \forall j \in \Gamma^{+1}(i), \forall i \in \mathcal{C}_D, \forall t \in \mathcal{T} \end{cases} \tag{2.12}$$

上述方程同样无法确定分流元胞的唯一流出量。参数 $\beta_{i,j}(t)$ ($\forall j \in \Gamma^{+1}(i)$) 被用于外生地确定每个时间步长的转向比率。公式 (2.12) 可重写如下方程：

$$\begin{cases} \beta_{i,j}(t) \cdot y_{i,j}(t) \leqslant R_j(t) \\ \sum_j y_{i,j}(t) \leqslant S_i(t) \\ \sum_j \beta_{i,j}(t) = 1 \\ \forall j \in \Gamma^{+1}(i), \forall i \in \mathcal{C}_\mathrm{D}, \forall t \in \mathcal{T} \end{cases} \quad (2.13)$$

### 2.1.2 电动汽车充电模型

假定充电站没有储能设施。$CH_{i,j}^k(t)$ 表示在时段 $t$ 内，位于元胞 $i$ 与元胞 $j$ 之间且由母线 $k$ 服务的充电站的充电需求。充电需求通过一个线性函数来近似表示，该函数随在时段 $t$ 内经过充电站的电动汽车总数 ($y_{i,j}(t)$) 严格递增：

$$CH_{i,j}^k(t) = y_{i,j}(t) \cdot \alpha \cdot r(t) \cdot p_{\mathrm{av}} \quad (2.14)$$

其中，$\alpha$ 是电动汽车渗透率，$r(t)$ 是时段 $t$ 内电动汽车的充电概率，$p_\mathrm{av}$ 是电动汽车的平均额定充电功率。

在实际情况中，充电需求可能会受到诸多因素的影响，比如需要充电的电动汽车总数、单个电动汽车的具体充电功率、驾驶员的充电偏好等。在此，所考虑的因素包括有充电需求的电动汽车数量以及电动汽车的平均充电功率。考虑这两个因素主要有以下三个原因。首先，当前的研究旨在从系统层面的视角来探究扰动从道路网络到电力网络的传播情况。为实现这一目标，这项工作采用了车流车辆模型，并忽略了电动汽车的异质性及其充电行为。其次，每辆电动汽车的具体额定充电功率由平均额定充电功率来表示。一般来说，电动汽车额定充电功率的类型是有限的[125]，而且平均额定充电功率在计算总充电需求时可以作为一种可接受的近似值。最后，充电需求是基于经过充电站的车辆总数、电动汽车渗透率以及电动汽车的充电概率来计算的。需要注意的是，这种统计建模方法以及充电需求与交通流量呈线性依赖关系的假设在其他研究中也被采用了[32-33,126-128]。

在该方程中，$r(t)$（时段 $t$ 内电动汽车的充电概率）用于表示电动汽车充电行为的概率。在本书的测试案例中，为简单起见且由于缺乏数据，假定该概率在所有时间均为常数。不过，如果有相关数据可用于估算不同的概率值，那么可以考虑更符合实际情况的、与时间相关的且因地点而异的充电概率。更普遍地说，不确定性会影响模型的参数，未来的研究工作将在全面的敏感性分析指导下，通过一个能恰当表示和传播这些不确定性的框架来解决这一问题。

时段 $t$ 内母线 $k$ 处的充电负荷 $PW_{k,t}^{CH}$ 等于同一时段 $t$ 内由母线 $k$ 供电的各个充电站的充电需求之和：

$$PW_k^{CH}(t) = \sum_{(i,j) \in B(k)} CH_{i,j}^k(t) \qquad (2.15)$$

其中 $B(k)$ 表示由母线 $k$ 供电支持的充电站集合。

### 2.1.3 交流潮流模型

对于电力网络，考虑到计算效率和近似精度之间的平衡，本书采用了单相交流潮流分析[129] 来近似模拟潮流的稳态行为。

复杂配电系统由 $n$ 条母线和 $m$ 条支路构成，其基础拓扑结构可用无向图 $\mathcal{G}_P(\mathcal{P}_N, \mathcal{P}_L)$ 来表示，其中 $\mathcal{P}_N$ 表示母线集合，$\mathcal{P}_L$ 表示支路集合。母线 $k$ 的状态由其电压 $V_k$ 来表征，$V_k$ 是一个包含电压幅值和相角的复数。在稳态情况下，当对地导纳值可忽略不计时，母线 $k$ 处注入的视在功率 $S_k$ 的计算公式如下：

$$S_k(t) = S_k^G(t) - S_k^B(t) - PW_k^{CH}(t) = \sum_{i=1, i \neq k}^{n} V_k(t) Y_{k,i}^* (V_k^*(t) - V_i^*(t)) \qquad (2.16)$$

其中，* 表示复共轭，$Y_{ki}$ 是从节点 $k$ 到节点 $i$ 线路的等效导纳，$S_k^G(t)$ 和 $S_k^B(t)$ 分别是在时间区间 $t$ 内母线 $k$ 处的发电功率和基础功率需求，并且 $S_k(t) = P_k(t) + jQ_k(t)$，这里 j 表示虚数单位。网络无功功率需求不受充电站的影响，因为电动汽车电池是通过直流电进行充电的，不需要无功功率。因此，公式 (2.16) 只包含了有功充电需求 $PW_k^{CH}(t)$。

## 2.2 基于元胞传输模型的电气化路网优化模型

现有的基于元胞传输模型的交通模型并未考虑电动汽车带来的新因素，例如电动汽车的续航里程以及快速充电站的容量。本节考虑到电动汽车和快速充电站的情况，提出了一种针对多目的地的系统最优动态交通分配问题的新型线性规划模型 (SO-DTA-E&C 模型)，旨在将所有车辆的总出行成本降至最低。

该模型中的假设如下。

①每个快速充电站仅配备一种类型的充电桩，并且这些充电桩具有相同的充电速度。

②电动汽车在途中进行最少的充电，以确保最短的出行时间。

③电动汽车消耗的电量与行驶的距离呈线性相关。电动汽车的充电量与充电时间呈线性相关。忽略不同电池的特性。

④忽略车内设备（如空调、车灯等）所消耗的电量。当电动汽车停车时，不消耗电量。

假设①在相关文献 [39] 中被广泛采用，而且它也符合实际情况（比如特斯拉超级充电站）。假设②与所提出模型的目标函数（即最小化总出行时间）是相符的。其他现象，例如电动汽车只有在充满电或充到 80% 的电量后才离开快速充电站，可通过给充电元胞添加约束条件轻松纳入考虑范围。至于电动汽车驾驶员不同的充电偏好，对其进行考量并不在本书的研究范畴之内。在假设③中，我们假定在相同时长内，相同类型的充电桩可为电动汽车补充等量的能量，而不考虑不同电池的属性。在文献中可以发现类似的假设或者更理想化的假设[42,39,130]，这些假设认为所有电动汽车的充电需求是固定的，与路段交通流量成比例，或者遵循特定的概率分布。

为了追踪电动汽车的荷电状态，该模型考虑了不同的电量水平（Energy Level，EL，用 $(e)$ 表示）来描述每辆电动汽车的实时荷电状态。考虑到电动汽车具有不同的电池容量，平均电池容量为 $B$ 千瓦时。假定电动汽车的耗电量是行驶距离的线性函数，平均能耗效率为每英里 $\eta$ 千瓦时。那么，所有电动汽车的平均续航里程为 $L_{\text{avg}} = B/\eta$ 英里。为简便起见，里程被用于量化电能，用作电动汽车电量的度量单位。电池容量被离散化为均匀的电量水平。每个电量水平可为电动汽车提供电能，以让其行驶一定的里程。电动汽车使用一个电量水平所行驶的里程被设定为一个元胞长度（即 $L_{\text{C}}$）。一旦确定了元胞长度，每辆电动汽车的电量水平总数 $(E)$ 就可通过以下公式计算：

$$E = \frac{L_{\text{avg}}}{L_{\text{C}}} \tag{2.17}$$

我们使用 $\mathcal{E}$ 来表示所有可能的电量水平集合 $\{1,\cdots,E\}$。$e$ 代表了电动汽车当前的电量水平。$e \times L_{\text{C}}$ 约等于还能行驶的剩余距离，也约等于当前荷电状态除以 $F$。续航里程 ($L_{\text{avg}}$) 约等于 $E \times L_{\text{C}}$，也约等于满电电池电量除以 $F$。$F$ 是电动汽车以恒定速度行驶时需要克服的力。满电电池电量的单位是千瓦时。

文献 [47] 提出的系统最优动态交通分配模型仅考虑了单一目的地的情况。在此，本节引入了一个扩展版本来处理具有多个 O-D 对的一般网络，并且也对路径选择行为进行了描述。$\mathcal{W}$ 用于表示所有 O-D 对的集合。$\mathcal{R}$ 表示所有路径的集合。$\mathcal{R}^w$ 表示属于 O-D 对 $w$ 的路径集合。一条路径 ($\mathcal{P}^r$) 由一系列有序的元胞来表示。

为简便起见，普通元胞、合流元胞和分流元胞被统称为一般元胞 ($\mathcal{C}_{\text{G}}$)，因为它们遵循相同的更新规则。$\mathcal{O}_{\text{D}}$ 表示分流连接的集合。为了将道路网络中的物理组件（例如快速充电站）整合到元胞传输模型中，此处定义了充电元胞 ($\mathcal{C}_{\text{C}}$) 和排队元胞 ($\mathcal{C}_{\text{Q}}$)。一个快速充电站通过一个固定结构来建模，该结构表示一个夹在两个排队元胞之间的充电元胞，如图 2.1 所示。

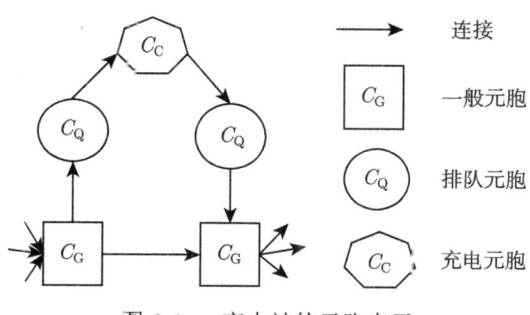

图 2.1 充电站的元胞表示

在考虑电动汽车和快速充电站（SO-DTA-E&C）的系统最优动态交通分配模型中，充电元胞用于容纳连接到充电桩的车辆。与 CTM 不同的是，一般元胞的长度被定义为相应路段的特定物理长度，然而元胞长度这一概念并不适用于充电元胞。在 CTM 中，$N_i(t)$ 被定义为时段 $t$ 内元胞 $i$ 中所能容纳的最大车辆数。对于充电元胞 $i$ 而言，取而代之的是定义了 $NC_i(t)$，它表示时段 $t$ 内的最大充电桩数量。在本书中，充电容量指的是充电桩的数量 $NC_i(t)$，并且我们假定高速公路上的一个快速充电站配备了相同类型、充电速度为 $\alpha_i^t$ 的充电桩。$\alpha_i^t$ 是针对充电元胞唯一定义的：$\alpha_i^t$ 表示时段 $t$ 内快速充电站 $i$ 的平均充电速度，它体现了在时间间隔 $\tau$ 内，充电站 $i$ 的每个充电桩能够提供多少个电量等级。当一个快速充电站出现故障时，$\alpha_i^t$ 等于 0。当一个快速充电站正常工作时，$\alpha_i^t$ 应大于或等于 1。这是因为，一般来说，在相同的时间间隔内，电动汽车在商业快速充电站的充电速度比其在常规使用模式（例如不开空调）下的耗电速度要快。假设充电站 $i$ 的充电功率为 $p_i^{\text{ev}}$，那么 $\alpha_i^t$ 可通过 $\dfrac{p_i^{\text{ev}} \cdot \tau}{\eta \cdot \tau \cdot v_{\text{f}}} = \dfrac{p_a^{\text{ev}}}{\eta \cdot v_{\text{f}}}$ 来计算。为简便起见，$\alpha_i^t$ 会被取整。总之，$\alpha_i^t$ 可通过以下方式计算：

$$\alpha_i^t = \begin{cases} 0, & \text{快速充电站出现故障} \\ \lfloor p_a^{\text{ev}}/\eta v_{\text{f}} + 0.5 \rfloor, & \text{其他} \end{cases} \tag{2.18}$$

排队元胞用于容纳等待连接到快速充电站中充电桩的车辆，或等待离开快速充电站的车辆。这样的结构能够防止充电元胞出现拥堵，并能够确保当下游的一般元胞发生拥堵时其仍能正常工作。充电元胞之前的排队元胞可被视为从匝道到停车场的路段，而充电元胞之后的排队元胞可被视为服务区内从停车场到主干道的路段。与充电元胞类似，元胞长度这一概念并不适用于排队元胞。$NP_i(t)$ 被定义为排队元胞的最大停车位数量。不同元胞的参数定义列于表2.1中。

表 2.1　扩展模型中不同元胞的参数定义

| 元胞 | $L_\text{C}$ | $N$ |
| --- | --- | --- |
| 其他元胞 | 与 CTM 相同 | 与 CTM 相同 |
| 充电元胞 | 不适用 | 充电桩数量 ($NC$) |
| 排队元胞 | 不适用 | 停车位数量 ($NP$) |

CTM 是基于流体动力学模型提出的，该模型假定流量（速度）是密度的函数，并且它们之间的关系遵循三角形基本图[45-46]。元胞间的流量更新方程就是基于这一假设推导出来的。显然，充电元胞处电动汽车的流入量、速度和密度之间的关系并不遵循三角形基本图，因为充电元胞中的电动汽车在大多数时候是静止不动的。因此，进入充电元胞的流量更新应当进行修正。以排队元胞

为起点、以充电元胞为终点的连接被定义为充电连接 ($\mathcal{O}_C$)。流量更新方程修正如下：

$$y_{i,j}(t) = \min\{x_i(t), f_i^O(t), f_j^I(t), NC_j(t) - x_j(t) + y_{j,m}(t)\}, (i,j) \in \mathcal{O}_C, m \in \Gamma_j^+ \tag{2.19}$$

沿充电连接的流量 ($y_{i,j}, (i,j) \in \mathcal{O}_C$) 应受到排队元胞中电动汽车数量 ($x_i$) 及其流出容量 ($f_i^O$)，以及充电元胞的流入容量 ($f_j^I$) 的约束。对于充电元胞，考虑采用一种宽松的限制 ($NC_j - x_j + y_{j,m}, m \in \Gamma_j^+$)，而非元胞传输模型中所使用的保守限制 ($\delta \cdot (NC_j - x_j)$)。CTM 中的流量更新方程假定流出的影响在上游经过一段时间后才会被察觉，因此在 CTM 中存在一个时间步长的滞后。与之不同的是，公式 (2.19) 假定一旦有电动汽车离开且出现可用的充电桩，电动汽车就会流入充电元胞，因此在修正后的模型中滞后更少，这也有助于缩短模型的时间范围。由于充电元胞中静止的电动汽车不存在密度波向后传播的情况，所以此处不需要参数 $\delta$。

本章所提出的 SO-DTA-E&C 模型能够描述快速充电站的关键特征，追踪电动汽车的荷电状态，并且能够在考虑电动汽车续航里程和充电时间的情况下分配系统最优交通流量。

在接下来的内容中，$T_d$、$T_h$ 和 $\mathcal{T}$ 分别代表最大出发时间、所有电动汽车都离开网络时的最大时间范围以及直至 $T_h$ 的所有时间区间的集合。

针对正常情况（无快速充电站故障）所提出的 SO-DTA-E&C 模型构建如下：

$$\min_{d,x,\dot{x},y} \sum_{i \in \{\mathcal{I} \setminus \mathcal{C}_S\}} \sum_{e \in \mathcal{E}} \sum_{r \in \mathcal{R}} \sum_{t \in 0, \cdots, T_h} x_i^{e,r}(t) \tag{2.20}$$

考虑到具有不同电量水平和不同目的地的电动汽车，公式 (2.20) 中的目标函数对电量水平和行驶路线进行求和。从系统运营者的角度来看，模型的目标仍然是在整个时间范围内使总出行时间最小化。

交通需求应在出发时间段内得到满足：在每个时段 $t$，对于起讫点对 $w$，处于电量水平为 $e$ 的元胞 $i$ 中的出发数量 $d_i^{e,r}(t)$ 与具有该电量水平和该起讫点对的交通需求相等。

$$\sum_{r \in \mathcal{R}^w} d_i^{e,r}(t) = D_w^e(t), \forall w \in W, t \in 0, \cdots, T_d \tag{2.21}$$

源元胞的约束条件构建如下：

$$x_i^{e,r}(t) = x_i^{e,r}(t-1) + d_i^{e,r}(t-1) - y_{i,j}^{e,r}(t-1), \forall i \in \mathcal{C}_\mathrm{R} \cap \mathcal{P}^r,$$
$$j \in \varGamma_i^+, \forall e \in \mathcal{E}, \forall r \in \mathcal{R}, \ t \in 1, \cdots, T_d + 1 \tag{2.22a}$$

$$x_i^{e,r}(t) = x_i^{e,r}(t-1) - \sum_{j \in \varGamma_i^+} y_{i,j}^{e,r}(t-1), \forall i \in \mathcal{C}_\mathrm{R}, \forall e \in \mathcal{E},$$
$$\forall r \in \mathcal{R}, t \in T_\mathrm{d} + 2, \cdots, T_\mathrm{h} \tag{2.22b}$$

源元胞能够存储无限量的交通流量。这些元胞直接从路径流量模式 $d_i^{e,r}(t)$ 接收交通流量。在公式 (2.22a) 中，源元胞 $i$ 仅属于特定起讫点对 $w$ 的某条特定路线 $r$。所有不属于路线 $r$ 的其他源元胞的元胞占有率等于零。公式 (2.22a) 考虑的是出发时段（对于变量 $d_i^{e,r}(t)$），时间范围是从 0 到 $T_\mathrm{d}$，而公式 (2.22b) 则是针对后续无车辆出发的时段。

以下陈述体现了元胞流量守恒，并给出了更新普通元胞内车辆占有率的具体规则。此外，还会追踪每个元胞基于路径和基于能量的占有率情况。

$$x_i^{e,r}(t) = x_i^{e,r}(t-1) + \sum_{k \in \varGamma_i^-} y_{k,i}^{e+1,r}(t-1) - \sum_{j \in \varGamma_i^+} y_{i,j}^e(t-1), \forall i \in \mathcal{C}_\mathrm{G},$$
$$\forall e \in \{\mathcal{E} - E\}, \forall r \in \mathcal{R}, \forall t \in \mathcal{T} \tag{2.23a}$$

$$x_i^{E,r}(t) = x_i^{E,r}(t-1) - \sum_{j \in \varGamma_i^+} y_{i,j}^{E,r}(t-1), \forall i \in \mathcal{C}_\mathrm{G}, \forall r \in \mathcal{R}, \forall t \in \mathcal{T} \tag{2.23b}$$

公式 (2.23a) 表明，在时段 $t$ 内，处于电量水平为 $e$ 的普通元胞 $i$ 中的当前占有率 $x_i^{e,r}(t)$ 等于其在上一个时间步长时的占有率 $x_i^{e,r}(t-1)$ 减去具有相同电量水平 $e$ 的流出量 $y_{i,j}^{e,r}(t-1)$，再加上具有电量水平 $e+1$ 的流入量 $y_{k,i}^{e+1,r}(t-1)$。在电动汽车流入后续元胞后，它们的电量水平会从 $e+1$ 降至 $e$。这意味着当电动汽车停留在同一个元胞内或从一个元胞流出时,它的电量水平不会改变。公式 (2.23b) 详细说明了 $e = E$ 时的情况,其中 $E$ 是电量水平的上限(即最大续航里程/最大电池容量)。由于电动汽车的电量水平不可能高于 $E$,所以 $y_{k,i}^{E+1,r}(t-1)$ 这项被剔除了。

以下约束条件体现了排队元胞的更新规则,同时确保车辆经过该元胞时不消耗能量。这是因为相较于车辆行驶一个元胞长度所消耗的能量而言,从匝道驶入停车场或者从停车场驶入主干道所消耗的能量被假定为可忽略不计。这些约束条件构建如下:

$$x_i^{e,r}(t) = x_i^{e,r}(t-1) + y_{k,i}^{e,r}(t-1) - y_{i,j}^{e,r}(t-1), \forall k \in \varGamma_i^-, \forall j \in \varGamma_i^+,$$
$$\forall i \in \mathcal{C}_Q, \forall e \in \mathcal{E}, \forall r \in \mathcal{R}, \forall t \in \mathcal{T} \tag{2.24}$$

以下方程给出了对充电元胞的约束条件:

$$\dot{x}_i^{e,r}(t) = x_i^{e,r}(t-1) + y_{k,i}^{e,r}(t-1) - y_{i,j}^{e,r}(t-1), \forall k \in \varGamma_i^-,$$
$$\forall j \in \varGamma_i^+, \forall i \in \mathcal{C}_C, \forall e \in \mathcal{E}, \forall r \in \mathcal{R}, \forall t \in \mathcal{T} \tag{2.25}$$

$$x_i^{E,r}(t) = \sum_{s=0}^{\alpha_i^t} \dot{x}_i^{E-s,r}(t), \forall i \in \mathcal{C}_C, \forall r \in \mathcal{R}, \forall t \in \mathcal{T} \tag{2.26a}$$

$$x_i^{e,r}(t) = \dot{x}_i^{e-\alpha_i^t,r}(t), \forall i \in \mathcal{C}_C, \forall e \in \{\alpha_i^t \leqslant e < E\}, \forall r \in \mathcal{R}, \forall t \in \mathcal{T} \tag{2.26b}$$

$$x_i^{e,r}(t) = 0, \forall i \in \mathcal{C}_C, \forall e \in \{e < \alpha_i^t\}, \forall r \in \mathcal{R}, \forall t \in \mathcal{T} \tag{2.26c}$$

公式 (2.25) 阐述了充电元胞占有率的更新规则,其中 $\dot{x}_i^{e,r}(t)$ 表示在时刻 $t$,电量水平为 $e$ 的电动汽车在充电元胞 $i$ 中,其荷电状态更新前的占有率。公式 (2.26a) 至公式 (2.26c) 说明了充电元胞中电动汽车电量水平的更新规则。公式 (2.26a) 表明,当电动汽车的电量水平处于 $[E-\alpha_i^t, E]$ 区间时,经过一个时间段后,其电量水平近似更新为电量水平 $E$。公式 (2.26b) 指出,当电动汽车的电量水平处于 $[0, E-\alpha_i^t)$ 区间时,经过一个时间段后,其电量水平会增加 $\alpha_i^t$。公式 (2.26c) 确保经过一个充电时间段后,没有电动汽车的电量水平低于 $\alpha_i^t$ 这一水平。需要注意的是,在电动汽车的荷电状态更新前后,充电元胞的占有率是守恒的,即 $\sum_e \dot{x}_i^{e,r}(t) = \sum_e x_i^{e,r}(t)$。

以下方程式阐述了确定从元胞 $i$ 到元胞 $j$ 流量的具体约束条件：

$$\sum_{\forall j \in \Gamma_i^+} y_{i,j}^{e,r}(t) - x_i^{e,r}(t) \leqslant 0, \forall (i,j) \in \mathcal{E}, \forall e \in \mathcal{E}, \forall r \in \mathcal{R}, \forall t \in \mathcal{T} \quad (2.27a)$$

$$\sum_{\forall j \in \Gamma_i^+} \sum_{\forall e \in \mathcal{E}} \sum_{\forall r \in \mathcal{R}} y_{i,j}^{e,r}(t) \leqslant Q_i(t), \forall (i,j) \in \mathcal{E}, \forall t \in \mathcal{T} \quad (2.27b)$$

$$\sum_{\forall i \in \Gamma_j^-} \sum_{\forall r \in \mathcal{R}} \sum_{\forall e \in \mathcal{E}} y_{i,j}^{e,r}(t) \leqslant Q_j(t), \forall (i,j) \in \mathcal{O}, \forall t \in \mathcal{T} \quad (2.27c)$$

$$\sum_{\forall i \in \Gamma_j^-} \sum_{\forall e \in \mathcal{E}} \sum_{\forall r \in \mathcal{R}} y_{i,j}^{e,r}(t) + \delta_j(t) \sum_{\forall e \in \mathcal{E}} \sum_{\forall r \in \mathcal{R}} x_j^{e,r}(t) \leqslant \delta_j(t) N_j(t), \forall j \in \mathcal{I} \setminus \mathcal{C}_{\mathrm{C}} \setminus \mathcal{C}_{\mathrm{Q}}, \forall t \in \mathcal{T} \quad (2.27d)$$

流入排队元胞的流量应受到时段 $t$ 内剩余停车位数量 $(\delta(NP_j(t) - \sum_e \sum_r x_j^{e,r}(t)))$ 的约束，其构建形式如下：

$$\sum_{\forall i \in \Gamma_j^-} \sum_{\forall e \in \mathcal{L}} \sum_{\forall r \in \mathcal{R}} y_{i,j}^{e,r}(t) + \sum_{\forall e \in \mathcal{E}} \sum_{\forall r \in \mathcal{R}} x_j^{e,r}(t) \leqslant NP_j(t), \forall j \in \mathcal{C}_{\mathrm{Q}}, \forall t \in \mathcal{T} \quad (2.27e)$$

以下约束条件等同于公式 (2.19) 中的第四项，并且表明了充电元胞能够接收的流量受到时段 $t$ 内可用充电桩数量的约束。

$$\sum_{\forall i \in \Gamma_j^-} \sum_{\forall e \in \mathcal{E}} \sum_{\forall r \in \mathcal{R}} y_{i,j}^{e,r}(t) + \sum_{\forall e \in \mathcal{E}} \sum_{\forall r \in \mathcal{R}} x_j^{e,r}(t) - \sum_{\forall m \in \Gamma_j^+} \sum_{\forall e \in \mathcal{E}} \sum_{\forall r \in \mathcal{R}} y_{j,m}^{e,r}(t) \quad (2.27f)$$

$$\leqslant NC_j(t), \forall j \in \mathcal{C}_{\mathrm{C}}, \forall t \in \mathcal{T}$$

以下方程式对优化问题进行初始化：

$$x_i^{e,r}(0) = 0, \quad \forall i \in \mathcal{I}, \quad \forall e \in \mathcal{E}, \forall r \in \mathcal{R} \quad (2.28)$$

$$y_{i,j}^{1,r}(t) = 0, \quad \forall (i,j) \in \mathcal{O}, \forall r \in \mathcal{R}, \forall t \in \mathcal{T} \quad (2.29)$$

$$y_{i,j}^{e,r}(t) = 0, \quad \forall (i,j) \in \mathcal{O}_{\mathrm{D}} \cap (i,j) \notin \mathcal{P}^r, \forall r \in \mathcal{R}, \forall t \in \mathcal{T} \quad (2.30)$$

其中，约束条件 (2.28) 规定了初始占有率。约束条件 (2.29) 确保任何电动汽车都不会超出其续航里程，也就是说，无论何时何地，电动汽车的电量水平都必须大于或等于 1。约束条件 (2.30) 强制使沿不属于路线 $r$ 的连接的流量为零。

约束条件 (2.31) 和 (2.32) 给出了非负性条件。

$$x_i^{e,r}(t) \geqslant 0, \quad \forall i \in \mathcal{I}, \quad \forall e \in \mathcal{E}, \forall r \in \mathcal{R}, \forall t \in 0, \cdots, T_h \tag{2.31}$$

$$y_{i,j}^{e,r}(t) \geqslant 0, \quad \forall (i,j) \in \mathcal{O}, \quad \forall e \in \mathcal{E}, \forall r \in \mathcal{R}, \forall t \in 0, \cdots, T_h \tag{2.32}$$

## 2.3 基于链路传输模型的电气化路网优化模型

CTM 需要将空间离散化为同质元胞，这使得该方法的效率比 LTM 的更低且其准确性更差。为提高基于元胞传输模型的电气化路网优化模型的效率，本节进一步开发了一种基于电气化链路传输模型的系统最优动态交通分配（eLTM-based SO-DTA）模型，将其用于电气化路网。本节所提出的基于电气化链路传输模型的系统最优动态交通分配模型在考虑电动汽车续航里程、充电站容量、充电成本等因素的情况下，将所有车辆的总成本最小化。

### 2.3.1 基于链路传输模型的系统最优动态交通分配问题

一个具有多个源（起点）和汇（终点）的道路网络记为 $G(\mathcal{N}, \mathcal{A})$，其中 $\mathcal{N}$ 和 $\mathcal{A}$ 分别是节点集和链路集。道路网络中的所有链路（节点）被分为三种类型：源链路（源节点）、汇链路（汇节点）以及普通链路（普通节点）。在该道路网络内，每个源（汇）节点仅连接一条源（汇）链路，并且每条源（汇）链路仅与一个源（汇）节点相连。$\mathcal{N}_R$ ($\mathcal{N}_S$) 和 $\mathcal{A}_R$ ($\mathcal{A}_S$) 分别表示源（汇）节点集和源（汇）链路集。所有的源链路和汇链路都是虚拟的，其长度为 0，这样就不会在这些虚拟链路上计算不必要的行程时间。所有源链路和汇链路的流出、流入以及存储容量都是无限的，因此它们永远不会成为所建模道路网络中交通流的瓶颈。对于 SO-DTA 问题，与文献 [47]、[49]、[131] 类似，本书假定所有汇链路的流出容量为 0。这意味着所有车辆在到达时就被收集起来。时间范围 $H$ 被离散化为一组有限的时段 $\mathcal{T} = \{0, 1, 2, \cdots, T\}$。$T$ 根据 $T = H/\tau$ 来计算，其中 $\tau$ 是时段长度。时段长度应当等于或小于最小链路行程时间，这样车辆穿越一条链路至少需要一个时间单位[132]。

LTM 中使用了三角形基本图[131-132]，它是一种近似表示，会综合考虑车道数量、天气状况、限速等因素来描述道路的宏观特性[132]。该图由三个参数来定义：阻塞密度 ($k_{\text{jam}}$)、最大流量 ($q_{\text{max}}$) 以及自由流速度 ($v_{\text{f}}$)。逆向冲击波速度 $w$ 可以通过公式 $w = q_{\text{max}} \cdot v_{\text{f}}/(q_{\text{max}} - k_{\text{jam}} \cdot v_{\text{f}})$ 来获取。链路传输模型通过计算每个时段内每条链路入口和出口处的车辆累计数量来更新交通流的演变情况。

基于 LTM 的 SO-DTA 问题的目标是使所有车辆的总行程时间最小化。总行程时间是通过计算所有车辆在整个时间范围内在所有链路上的总停留时间得出的。基于链路传输模型的系统最优动态交通分配问题[131]构建如下：

$$\min_{x \in \Omega} \sum_{a \in \mathcal{A}/\mathcal{A}_{\text{S}}} \sum_{s \in \mathcal{N}_{\text{S}}} \sum_{t \in \mathcal{T}} \tau [UG_a^s(t) - VG_a^s(t)] \qquad (2.33)$$

LTM 中使用 Newell 简化理论来计算链路 $a$ 的发送容量 $S_a(t)$ 和接收容量 $R_a(t)$：

$$S_a(t) = \min\{U_a(t - \nu_a) - V_a(t-1), f_a^{\text{O}}(t)\} \qquad (2.34\text{a})$$

$$R_a(t) = \min\{V_a(t - \beta_a) + L_a \cdot k_{\text{jam}} - U_a(t-1), f_a^{\text{I}}(t)\} \qquad (2.34\text{b})$$

其中，$U_a(t)$ ($V_a(t)$) 表示截至时段 $t$ 末进入（离开）链路 $a$ 的车辆累计数量。$f_a^{\text{I}}(t)$ 和 $f_a^{\text{O}}(t)$ 分别是时段 $t$ 内链路 $a$ 进入点处的流入容量和离开点处的流出容量。它们可通过相应位置和时段下的 $\tau \cdot q_{\text{max}}$ 来获取。$L_a$ 是链路 $a$ 的长度。$\nu_a$ 是链路 $a$ 上的自由流行程时间，$\beta_a$ 是逆向冲击波从链路 $a$ 的出口传播至入口所需的行程时间。它们可分别通过 $\nu_a = L_a/(\tau \cdot v_{\text{f}})$ 以及 $\beta_a = L_a/(\tau \cdot w)$ 来计算得出。

在时段 $t$ 内，链路 $a$ 的流入量和流出量分别受其相应的发送容量和接收容量的约束。

$$U_a(t) - U_a(t-1) \leqslant R_a(t), \forall a \in \mathcal{A}, t \in \mathcal{T} \qquad (2.35\text{a})$$

$$V_a(t) - V_a(t-1) \leqslant S_a(t), \forall a \in \mathcal{A}, t \in \mathcal{T} \qquad (2.35\text{b})$$

在基于 LTM 的 SO-DTA 问题中，不对不同类型的车辆加以区分。因此，我们有

$$U_a(t) = \sum_{s \in \mathcal{N}_{\text{S}}} UG_a^s(t), \forall a \in \mathcal{A}, t \in \mathcal{T} \qquad (2.36\text{a})$$

$$V_a(t) = \sum_{s \in \mathcal{N}_S} VG_a^s(t), \forall a \in \mathcal{A}, t \in \mathcal{T} \tag{2.36b}$$

其中，$UG_a^s(t)(VG_a^s(t))$ 表示截至时段 $t$ 末进入（离开）链路 $a$ 前往目的地 $s$ 的汽油车辆的累计数量。

将公式 (2.34) 和公式 (2.36) 代入公式 (2.35) 中的不等式，便可得到基于线性 LTM 的流量约束，如下所示。

$$\sum_{s \in \mathcal{N}_S} VG_a^s(t) \leqslant \sum_{s \in \mathcal{N}_S} UG_a^s(t - \nu_a), \forall a \in \mathcal{A}, t \in \mathcal{T} \tag{2.37}$$

$$\sum_{s \in \mathcal{N}_S} [VG_a^s(t) - VG_a^s(t-1)] \leqslant f_a^{\mathrm{O}}(t), \forall a \in \mathcal{A}, t \in \mathcal{T} \tag{2.38}$$

$$\sum_{s \in \mathcal{N}_S} UG_a^s(t) \leqslant \sum_{s \in \mathcal{N}_S} VG_a^s(t - \beta_a) + L_a \cdot k_{\mathrm{jam}}, \forall a \in \mathcal{A}, t \in \mathcal{T} \tag{2.39}$$

$$\sum_{s \in \mathcal{N}_S} [UG_a^s(t) - UG_a^s(t-1)] \leqslant f_a^{\mathrm{I}}(t), \forall a \in \mathcal{A}, t \in \mathcal{T} \tag{2.40}$$

去往目的地 $s$ 的累计流出量应受链路 $a$ 上通往同一目的地的累计流入量的约束。

$$VG_a^s(t) \leqslant UG_a^s(t - \nu_a), \forall a \in \mathcal{A}, t \in \mathcal{T} \tag{2.41}$$

通过使源链路的累计流入量等于累计需求来满足交通需求：

$$UG_a^s(t) = DG_a^s(t), \forall a \in \mathcal{A}_{\mathrm{R}}, \forall s \in \mathcal{N}_{\mathrm{S}}, t \in \mathcal{T} \tag{2.42}$$

其中，$DG_a^s(t)$ 是时段 $t$ 末从起点链路 $a$ 的入口到目的地 $s$ 之间的汽油车辆的累计出行需求。

在 LTM 中，普通节点的流入量和流出量应受以下流量守恒约束的限制：

$$\sum_{a \in B(i)} VG_a^s(t) = \sum_{b \in A(i)} UG_a^s(t), \forall i \in \mathcal{N}/\{\mathcal{N}_{\mathrm{R}}, \mathcal{N}_{\mathrm{S}}\}, \forall s \in \mathcal{N}_{\mathrm{S}}, t \in \mathcal{T} \tag{2.43}$$

其中，$A(i)$ $(B(i))$ 表示尾节点（头节点）为 $i$ 的链路集合。

累计流量应当是非负且非递减的：

$$VG_a^s(t) - VG_a^s(t-1) \geqslant 0, \forall a \in \mathcal{A}, \forall s \in \mathcal{N}_{\mathrm{S}}, t \in \mathcal{T} \tag{2.44}$$

$$UG_a^s(t) - UG_a^s(t-1) \geqslant 0, \forall a \in \mathcal{A}, \forall s \in \mathcal{N}_S, t \in \mathcal{T} \quad (2.45)$$

以下约束条件要求初始累计流量为 0:

$$UG_a^s(0) = VG_a^s(0) = 0, \forall a \in \mathcal{A}, \forall s \in \mathcal{N}_S \quad (2.46)$$

总而言之，整个基于 LTM 的 SO-DTA 问题受限于集合 $\Omega = \{x|$ s.t. 公式 (2.37)~ 公式 (2.46) $\}$。

### 2.3.2 基于电力链路传输模型的系统最优动态交通分配问题

在 2.2 节所介绍的基于 CTM 的 SO - DTA - E&C 模型中的假设②至④同样适用于本模型，而此处不再需要假设①。与基于元胞传输模型的系统最优动态交通分配-电动汽车与快速充电站模型类似，基于电力链路传输模型（eLTM）的系统最优动态交通分配模型会考虑不同的电能水平来描述每辆 EV 的实时荷电状态。给定某一类电动汽车，将其记为 $c$，其电池容量为 $B_c$ 千瓦时，能量消耗效率为 $\eta$ 千瓦时/英里，那么该类电动汽车的最大续航里程就是 $L_c^{\max} = B_c/\eta$ 英里。我们定义一个电能水平等于 $\tau \cdot v_f$ 英里，所以 $c$ 类电动汽车的最大电能水平 $E_c$ 可通过 $L_c^{\max}/(\tau \cdot v_f)$ 来计算。假设共存在 $C$ 类电动汽车，用集合 $\mathcal{C} = \{\mathcal{E}_1, \mathcal{E}_2, \cdots, \mathcal{E}_C\}$ 来表示，集合 $\mathcal{C}$ 中的每一个元素都是一个集合，其中包含了 $C$ 类电动汽车可能具有的电能水平记为 $\mathcal{E}_c = \{1, 2, \cdots, E_c\}$。

为了描述实际道路网络中的快速充电站，在基于 eLTM 的模型中，最初定义了虚拟充电链路 $\mathcal{A}_C$。一个快速充电站由一条或多条充电链路来建模，这些充电链路用具有相同起点和终点的弧表示，如图2.2所示。具有不同充电速度的充电桩由不同的充电链路来表示。参数 $\alpha_a^t$ 表示每个充电链路 $a$ 在时段 $t$ 内的平均充电速度，它体现了在时段 $\tau$ 内使用 $a$ 型充电桩能够补充多少电能水平。假设充电链路 $a$ 的充电功率为 $p_a^{\text{ev}}$，那么 $\alpha_a^t$ 可通过 $\dfrac{p_a^{\text{ev}} \cdot \tau}{\eta \cdot \tau \cdot v_f} = \dfrac{p_a^{\text{ev}}}{\eta \cdot v_f}$ 来计算。与源链路和汇链路类似，假定充电链路的长度为 0。对于每条充电链路 $a$，$NC_a(t)$ 被定义为时段 $t$ 内 $a$ 型充电桩的实际数量。一般来说，充电速度 $\alpha_a^t$ 和充电桩数量 $NC_a(t)$ 是常数，且仅随充电链路的不同而变化。然而，如果某些充电桩暂时或永久性地无法使用（由于物理故障、维护及升级等原因），那么这些参数可能会随时间发生改变。

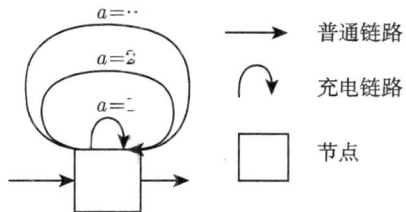

图 2.2 充电站内部不同类型充电方式的链路表示

给定一条普通链路 $a$，其长度为 $L_a$，那么在链路 $a$ 上消耗的电能水平可通过 $\rho_a = L_a/(\tau \cdot v_f)$ 来计算。类似地，$EU_{a,c}^{s,e}(t)$（$EV_{a,c}^{s,e}(t)$）表示截至时段 $t$ 末，属于 $c$ 类且具有电能水平 $e$、进入（离开）链路 $a$ 前往目的地 $s$ 的电动汽车的累计数量。

基于 eLTM 的 SO-DTA 问题的目标是最小化 EV 和 GV 的总出行时间，其中包含电动汽车的充电时间。目标函数表述如下：

$$\min_{\boldsymbol{y}\in\Psi} \sum_{s\in\mathcal{N}_S}\sum_{t\in\mathcal{T}}\sum_{a\in\mathcal{A}/\{\mathcal{A}_C,\mathcal{A}_S\}} \tau[UG_a^s(t) - VG_a^s(t)] + \\ \sum_{s\in\mathcal{N}_S}\sum_{t\in\mathcal{T}}\sum_{a\in\mathcal{A}/\mathcal{A}_S}\sum_{c\in\mathcal{C}}\sum_{e\in\mathcal{E}_c} \tau[UE_{a,c}^{s,e}(t) - VE_{a,c}^{s,e}(t)] \tag{2.47}$$

在基于 eLTM 的模型中，EV 和 GV 都被纳入考虑范围。因此，公式 (2.36) 被重新表述如下：

$$U_a(t) = \sum_{s\in\mathcal{N}_S} UG_a^s(t) + \sum_{s\in\mathcal{N}_S}\sum_{c\in\mathcal{C}}\sum_{e\in\mathcal{E}_c} UE_{a,c}^{s,e}, \forall a\in\mathcal{A}, t\in\mathcal{T} \tag{2.48a}$$

$$V_a(t) = \sum_{s\in\mathcal{N}_S} VG_a^s(t) + \sum_{s\in\mathcal{N}_S}\sum_{c\in\mathcal{C}}\sum_{e\in\mathcal{E}_c} VE_{a,c}^{s,e}, \forall a\in\mathcal{A}, t\in\mathcal{T} \tag{2.48b}$$

将公式 (2.34) 和公式 (2.48) 代入公式 (2.35) 中的不等式，可得到基于 eLTM 的针对电动汽车以及总车辆流量的流量约束，如下所示。

$$VE_{a,c}^{s,e}(t) \leqslant UE_{a,c}^{s,e+c_a}(t-\nu_a), \forall a\in\mathcal{A}\setminus\{\mathcal{A}_C\}, \forall s\in\mathcal{N}_S, \\ \forall c\in\mathcal{C}, e\in\mathcal{E}_c \cap \{e\leqslant E_c - \rho_a\}, t\in\mathcal{T} \tag{2.49a}$$

$$VE_{a,c}^{s,e}(t) = 0, \forall a \in \mathcal{A}\setminus\{\mathcal{A}_\mathrm{C}\}, \forall s \in \mathcal{N}_\mathrm{S}, \forall c \in \mathcal{C}, e \in \mathcal{E}_c \cap \{e > E_c - \rho_a\}, t \in \mathcal{T} \tag{2.49b}$$

$$\sum_{s \in \mathcal{N}_\mathrm{S}} [VG_a^s(t) - VG_a^s(t-1)] + \sum_{s \in \mathcal{N}_\mathrm{S}} \sum_{c \in \mathcal{C}} \sum_{e \in \mathcal{E}_c} [VE_{a,c}^{s,e}(t) - VE_{a,c}^{s,e}(t-1)]$$
$$\leqslant f_a^\mathrm{O}(t), \forall a \in \mathcal{A}\setminus\{\mathcal{A}_\mathrm{C}\}, t \in \mathcal{T} \tag{2.50}$$

$$\sum_{s \in \mathcal{N}_\mathrm{S}} [UG_a^s(t) - UG_a^s(t-1)] + \sum_{s \in \mathcal{N}_\mathrm{S}} \sum_{c \in \mathcal{C}} \sum_{e \in \mathcal{E}_c} [UE_a^s(t) - UE_a^s(t-1)]$$
$$\leqslant f_a^\mathrm{I}(t), \forall a \in \mathcal{A}\setminus\{\mathcal{A}_\mathrm{C}\}, t \in \mathcal{T} \tag{2.51}$$

$$\sum_{s \in \mathcal{N}_\mathrm{S}} \sum_{c \in \mathcal{C}} \sum_{e \in \mathcal{E}_c} [UE_{a,c}^{s,e}(t) - VE_{a,c}^{s,e}(t-\beta_a)] + \sum_{s \in \mathcal{N}_\mathrm{S}} [UG_a^s(t) - VG_a^s(t-\beta_a)]$$
$$\leqslant L_a k_{\mathrm{jam}}, \forall a \in \mathcal{A}\setminus\{\mathcal{A}_\mathrm{C}\}, t \in \mathcal{T} \tag{2.52}$$

公式 (2.49a) 确保流出量应小于或等于流入量，并且在电动汽车驶过相应链路后扣除所消耗的电能水平。公式 (2.49b) 保证电动汽车的电能水平小于其最大电能水平。公式 (2.50) 至公式 (2.51) 与公式 (2.38) 至公式 (2.40) 相同。公式 (2.50) 和公式 (2.51) 分别对流出量和流入量进行约束，使其分别小于或等于各自的流出容量和流入容量。公式 (2.52) 表明链路 $a$ 上的车辆数量应小于或等于该链路所能容纳的最大车辆数量。

公式 (2.53) 确保电动汽车的交通需求也能够得到满足：

$$UE_{a,c}^{s,e}(t) = DE_{a,c}^{s,e}(t), \forall a \in \mathcal{A}_\mathrm{R}, \forall s \in \mathcal{N}_\mathrm{S}, \forall c \in \mathcal{C}, \forall e \in \mathcal{E}_c, t \in \mathcal{T} \tag{2.53}$$

与公式 (2.43) 类似，电动汽车也应当遵循流量守恒定律：

$$\sum_{a \in B(i)} VE_{a,c}^{s,e}(t) = \sum_{b \in A(i)} UE_{a,c}^{s,e}(t), \forall i \in \mathcal{N}/\{\mathcal{N}_\mathrm{R}, \mathcal{N}_\mathrm{S}\}, \forall s \in \mathcal{N}_\mathrm{S}, \forall c \in \mathcal{C}, \forall e \in \mathcal{E}_c, t \in \mathcal{T} \tag{2.54}$$

为了对充电过程进行建模，定义了中间变量 $\hat{x}_{a,s}^{s,e}(t)$ 和 $x_{a,s}^{s,e}(t)$，它们分别表示在充电链路 $a$ 上电动汽车电能水平更新前后的车辆数量。充电链路上的占用情

况 $\hat{x}_{a,s}^{s,e}(t)$ 是通过上一时段的占用情况加上新流入量再减去流出量来计算的，如公式 (2.55) 所示。

$$\hat{x}_{a,s}^{s,e}(t) = x_{a,s}^{s,e}(t-1) + [UE_{a,c}^{s,e}(t-1) - UE_{a,c}^{s,e}(t-2)] - [VE_{a,c}^{s,e}(t-1) \\ - VE_{a,c}^{s,e}(t-2)], \forall a \in \mathcal{A}_{\mathrm{C}}, \forall s \in \mathcal{N}_{\mathrm{S}}, \forall c \in \mathcal{C}, \forall e \in \mathcal{E}_c, t \in \mathcal{T} \tag{2.55}$$

此外，以下方程描述了充电链路上电能水平更新的过程：

$$x_{a,c}^{s,E_c}(t) = \sum_{l=0}^{\alpha_a^t} \hat{x}_{a,c}^{s,E_c-l}(t), \ \forall a \in \mathcal{A}_{\mathrm{C}}, \forall s \in \mathcal{N}_{\mathrm{S}}, \forall c \in \mathcal{C}, \forall t \in \mathcal{T} \tag{2.56a}$$

$$x_{a,c}^{s,e}(t) = \hat{x}_{a,c}^{s,e-\alpha_a^t}(t), \ \forall a \in \mathcal{A}_{\mathrm{C}}, \forall s \in \mathcal{N}_{\mathrm{S}}, \forall c \in \mathcal{C}, \forall e \in \{\alpha_a^t \leqslant e < E_c\}, \forall t \in \mathcal{T} \tag{2.56b}$$

$$x_{a,c}^{s,e}(t) = 0, \forall a \in \mathcal{A}_{\mathrm{C}}, \forall s \in \mathcal{N}_{\mathrm{S}}, \forall c \in \mathcal{C}, \forall e \in \{e < \alpha_a^t\}, \forall t \in \mathcal{T} \tag{2.56c}$$

公式 (2.56a) 和公式 (2.56c) 对更新后的电能水平的上下限进行了约束。公式 (2.56b) 描述了电能水平线性增加的过程。公式 (2.56a) 表明，如果电动汽车在更新前的电能水平属于 $[E_c - \alpha_a^t, E_c]$ 区间，那么经过一个时段后，它们的电能水平近似更新为 $c$ 类电动汽车的最大电能水平 $E_c$。公式 (2.56b) 指出，如果电动汽车在更新前的电能水平处于 $[0, E_c - \alpha_a^t)$ 区间内，那么经过一个时段后，其电能水平会增加 $\alpha_a^t$ 个电能水平，且更新后的电能水平处于 $[\alpha_a^t, E_c)$ 区间内。公式 (2.56c) 确保在充电一个时段后，没有电动汽车的电能水平低于 $\alpha_a^t$ 水平。因此，如果更新后的电能水平小于 $\alpha_a^t$，则将其强制设为 0。需要注意的是，在电动汽车的电能水平更新前后，充电链路上的电动汽车数量是守恒的，即 $\sum_e \hat{x}_{a,c}^{s,e}(t) = \sum_e x_{a,c}^{s,e}(t)$。

此外，充电链路 $a$ 上每个电能水平细分的流出量应小于其占用量，如公式 (2.57) 所述。

$$VE_{a,c}^{s,e}(t) - VE_{a,c}^{s,e}(t-1) \leqslant x_{a,c}^{s,e}(t), \forall a \in \mathcal{A}_{\mathrm{C}}, \forall s \in \mathcal{N}_{\mathrm{S}}, \forall c \in \mathcal{C}, \forall e \in \mathcal{E}_c, \forall t \in \mathcal{T} \tag{2.57}$$

公式 (2.58) 将充电链路 $a$ 上的电动汽车数量限制在其最大充电桩数量范围内：

$$\sum_{s\in\mathcal{N}_S}\sum_{c\in\mathcal{C}}\sum_{e\in\mathcal{E}_c}[UE_{a,c}^{s,e}(t)-VE_{a,c}^{s,e}(t)]\leqslant NC_a(t),\forall a\in\mathcal{A}_C,\forall t\in\mathcal{T} \qquad (2.58)$$

此外，公式 (2.59) 至公式 (2.60) 确保了电动汽车的累计流量是非负且非递减的：

$$VE_{a,c}^{s,e}(t)-VE_{a,c}^{s,e}(t-1)\geqslant 0,\forall a\in\mathcal{A},\forall s\in\mathcal{N}_S,\forall c\in\mathcal{C},\forall e\in\mathcal{E}_c,t\in\mathcal{T} \qquad (2.59)$$

$$UE_{a,c}^{s,e}(t)-UE_{a,c}^{s,e}(t-1)\geqslant 0,\forall a\in\mathcal{A},\forall s\in\mathcal{N}_S,\forall c\in\mathcal{C},\forall e\in\mathcal{E}_c,t\in\mathcal{T} \qquad (2.60)$$

同理，如公式 (2.61) 所描述的那样，充电链路上的占用情况是非负的：

$$x_{a,c}^{s,e}(t)\geqslant 0,\ \hat{x}_{a,c}^{s,e}(t)\geqslant 0,\forall a\in\mathcal{A}_C,\forall s\in\mathcal{N}_S,\forall c\in\mathcal{C},\forall e\in\mathcal{E}_c,t\in\mathcal{T} \qquad (2.61)$$

如公式 (2.62) 所表述的那样，充电链路上的占用情况以及电动汽车的累计流量初始值都被设为 0：

$$UE_{a,c}^{s,e}(0)=VE_{a,c}^{s,e}(0)=0,\forall a\in\mathcal{A},\forall s\in\mathcal{N}_S,\forall c\in\mathcal{C},\forall e\in\mathcal{E}_c \qquad (2.62)$$

总而言之，基于 eLTM 的 SO-DTA 受到约束集 $\Psi$ 的限制，其中 $\Psi = \{\boldsymbol{y}|$ s.t. 公式 (2.41) $\sim$ 公式 (2.46) 和公式 (2.49) $\sim$ 公式 (2.62)$\}$。需要注意的是，在公式 (2.41) 至公式 (2.46) 中，对于所有的 $a$ 而言，其取值范围并不包含 $\mathcal{A}_C$。这意味着传统燃油车辆（常规车辆）永远不会进入充电链路。

# 第 3 章

# 考虑交通拥堵影响的电网风险分析

随着电动汽车渗透率的不断提高,道路网络与电网之间出现了越来越多的相互作用,这可能会为故障在各个独立系统边界间的扩散提供新的途径。在此背景下,本章提出了一个针对电网的综合风险评估框架,该框架考虑了涉及纽约州由电动汽车充电技术赋能的电气化路网的各种情景。首先,通过蒙特卡洛非序贯算法生成纽约州交通网络中的各类情景,例如通行能力降低及突发事故等情景。然后,运用在2.1节中介绍的 CTM 来模拟在这些情景下交通流量的演变情况。这样便能够评估纽约州电气化路网不同区域内电动汽车的时空充电负荷。相应地,利用在2.1节中介绍的交流潮流模型来更新所研究电网中的运行参数。最后,在概率风险分析框架内评估由道路网络情景给电网带来的风险。本章所提出的综合风险评估框架能够对道路网络中情景的影响向纽约州电网的传播进行建模,并对相应后果进行量化。并且,本章通过一个实际测试案例来说明所提出的这一框架。

本章将构建用于评估由道路交通事故(Road Traffic Incident, RTI)引发的电网风险的综合框架。其中3.1.1节介绍了一个对道路交通事故进行建模的框架。3.1.2节提出了用于量化对电网造成影响的严重程度的指标。整个模拟流程在3.1.3节中呈现。3.2节通过一个涉及实际测试案例的应用来阐释所提出的这些方法。3.3节提供了相关结论。

## 3.1 风 险 分 析

### 3.1.1 道路交通事故建模

**(1)交通事故的特点**

一旦道路交通事故在道路网络中的某一点发生,该点的道路通行能力[①]就

---
① In the Highway Capacity Manual[133]。

会立即下降，通行能力被定义为"在特定方向上，在当前交通和道路条件下，均匀高速公路路段所能容纳的每车道每小时的最大持续 15 分钟流量，以小客车每小时每车道数表示"。在事故清理完毕之前，如果交通需求超过道路通行能力，就可能形成交通拥堵。而在事故清理完毕（例如由事故应急处理小组完成清理）后，道路的通行能力会恢复，交通状况也会逐渐恢复正常。这一过程如图3.1所示。

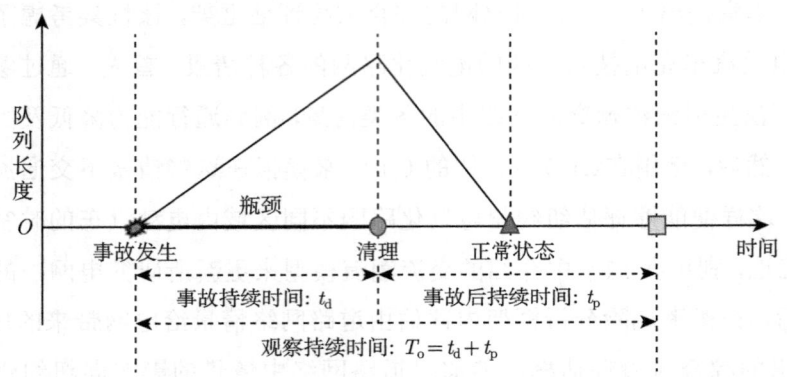

图 3.1 展示简单队列形成与消散基本特征的示意图

在交通拥堵期间，从系统层面来看，交通流量及其分布会随时间和空间发生变化。从个体角度而言，驾驶员的出行时间会延长，而且可能会消耗额外的能源（例如空调设备消耗的能源）。由交通拥堵造成的这些干扰可能会通过电动汽车的充电行为传导至电网。为了研究交通拥堵对电网的影响，现将道路交通事故的一些基本特征定义如下。

**发生时间**：事故开始发生的时间。

**通行能力降低量** $Q^p$：事故发生后道路的可用通行能力。

**事故持续时间** $t_d$：在事故发生到事故清理完毕之间的时间段。

**事故后持续时间** $t_p$：从事故清理完毕到所有被延误的车辆都流出道路网络所经历的时间段。

**观测持续时间** $T_o$：事故持续时间与事故后持续时间之和（$T_o = t_d + t_p$）。

在本书中，我们假定每条道路发生事故的概率是相等的。假设在道路 $i$ 上发生了一起交通事故,那么事故所在道路的事故特征、事故持续时间 $t_d$ 以及通行能力降低量 $Q^p$ 被假定为是相互独立的,并由以下基于风险的持续时间模型函数随机生成。

**(2) 基于风险的持续时间模型**

基于风险的持续时间模型通常用于研究事故持续时间,是从在给定持续时间已经延续到时间 $t_d$ 的条件下,在时间 $t_d$ 结束的条件概率这一角度来进行研究的。事故持续时间 $t_d$ 的风险函数 $h(t_d)$ 为[134]:

$$h(t_d) = \frac{f(t_d)}{1 - F(t_d)} \tag{3.1}$$

其中,$F(t_d)$ 和 $f(t_d)$ 分别是累积分布函数和相应的概率密度函数。风险函数 $h(t_d)$ 给出了在给定直至时间 $t_d$ 事故尚未清理完毕的情况下,事故将在 $t_d$ 到 $t_d + dt_d$ 之间被清理的概率密度。

风险模型主要可分为三类:非参数模型(在交通领域很少使用)、半参数模型和全参数模型(这两类模型在交通持续时间数据估计方面均被广泛应用)。半参数模型和全参数模型之间唯一的区别在于,半参数模型并不对持续时间的分布进行假设。在半参数模型和全参数模型之间,全参数模型在事故持续时间估计方面被研究得更多。对于全参数模型,文献中已经应用了多种分布形式(例如指数分布、威布尔分布以及对数逻辑斯蒂分布等)作为替代选择。选择这些分布形式中的任何一种都应当依据具体的应用特点来确定其合理性。本书采用对数逻辑斯蒂分布,这是因为对数逻辑斯蒂分布允许存在非单调的风险函数,在许多应用中从理论上看是合理的[134-137]。带有尺度参数 $\lambda \geqslant 0$ 和形状参数 $P \geqslant 0$ 的对数逻辑斯蒂分布具有如下风险函数:

$$h(t_d) = \frac{(\lambda P)(\lambda t_d)^{P-1}}{1 + (\lambda t_d)^P} \tag{3.2}$$

如果 $0 < P < 1$,那么风险函数随持续时间单调递减;如果 $P = 1$,那么风险函数依据参数 $\lambda$ 随持续时间单调递减;如果 $P > 1$,那么风险函数从 0 开始随持续时间增加,直至达到一个拐点 $t_d = (P-1)^{1/P}/\lambda$,此后便朝着 0 递减。

### (3) 可用通行能力比例

当发生道路交通事故时，路段的通行能力会下降。在大多数文献（如文献[133] 和 [138]）中，事故条件下的可用通行能力比例是根据高速公路的车道数以及事故发生的横向位置，被当作一个确定性的设计值来处理的。然而，由于数据有限，事故对可用通行能力降低的影响尚未得到充分研究。鉴于存在诸如驾驶员行为、交通状况以及高速公路自身状况等相关不确定性因素，将可用通行能力比例作为一个随机变量而非确定性的值来处理是更为合理的。在本书中，假定可用通行能力比例 $Q^p$ 服从正态分布[139]：

$$f(Q^p) = \frac{1}{\sigma\sqrt{2\pi}}e^{\frac{-(Q^p-\mu)^2}{2\sigma^2}}, \quad -\infty \leqslant Q^p \leqslant \infty \tag{3.3}$$

其中，$\mu$ 和 $\sigma$ 分别为均值和方差。

由于 $Q^p$ 的可能取值被限制在 0 到 1 之间，于是双截尾正态分布被定义为[139]：

$$f_{\text{DTN}}(Q^p) = \begin{cases} 0, & Q^p < 0 \\ \dfrac{f(Q^p)}{\int_0^{Q^p} f(Q^p)\mathrm{d}Q^p}, & 0 \leqslant Q^p < 1 \\ 0, & 1 \leqslant Q^p \end{cases} \tag{3.4}$$

### 3.1.2 严重程度量化

风险场景由道路交通事故在交通网络中的发生情况来定义，而不良后果是指那些对电网造成影响的后果。在本书中，我们分别考虑每条道路上发生的道路交通事故，以探究它们在影响电网方面的关键性。当发生道路交通事故时，交通状况会动态变化，对电网的影响也会随时间而改变。在道路交通事故清理完毕后，其对耦合系统的影响并不会立即消除，而是存在一个事故后阶段 $t_p$，在此期间拥堵现象会逐渐消失。因此，事故后持续时间内的影响也应予以考虑。本书定义了两类严重程度函数 $Sev^{\max}$ 和 $Sev^{\text{sum}}$，用以表示在观测持续时间 $T_o$ 内对电网产生的最严重后果以及累积后果。

在电网相关文献中，存在不同的用于量化系统在风险场景下受影响程度的指标，例如线路过载、变压器过载、低电压、负荷损失、电压不稳定以及连锁故障指标等[124,140-141]。在本书中，我们采用两种很常见的指标：线路过载 $SevOL$ 和低电压 $SevLV$。因此，由道路交通事故对电网造成的最严重后果 $Sev^{\max}$ 是通过在持续时间 $T_o$ 内支路的最严重过载情况 $SevOL^{\max}$ 以及母线的最严重低电压情况 $SevLV^{\max}$ 来衡量的。这两个最大严重程度指标的计算公式如下：

$$SevLV^{\max}(t_d, Q^p|C_i) = \max_{t \in T_o} \left( \sum_k SevLV_{k,t}(t_d, Q^p|C_i) \right) \quad (3.5)$$

$$SevOL^{\max}(t_d, Q^p|C_i) = \max_{t \in T_o} \left( \sum_b SevOL_{b,t}(t_d, Q^p|C_i) \right) \quad (3.6)$$

其中，$C_i$ 表示路段 $i$ 上的风险场景；$SevOL_{b,t}(t_d, Q^p|C_i)$ 是指在路段 $i$ 发生具有事故特征 $t_d$ 和 $Q^p$ 的交通事故后，时段 $t$ 内线路 $b$ 的过载严重程度；$SevLV_{k,t}(t_d, Q^p|C_i)$ 是指在相同事故条件下，时段 $t$ 内母线 $k$ 的低电压严重程度。在每个时段，我们分别对所有线路的过载严重程度 $\sum_b SevOL_{b,t}(t_d, Q^p|C_i)$ 和所有母线的低电压严重程度 $SevLV_{k,t}(t_d, Q^p|C_i)$ 进行求和；然后分别针对过载情况 $SevOL^{\max}(t_d, Q^p|C_i)$ 和低电压情况 $SevLV^{\max}(t_d, Q^p|C_i)$，在观测期 $T_o$ 内选取最严重的后果。

类似地，累积严重程度函数的公式如下：

$$SevLV^{\mathrm{sum}}(t_d, Q^p|C_i) = \sum_{t \in T_o} \sum_k SevLV_{k,t}(t_d, Q^p|C_i) \quad (3.7)$$

$$SevOL^{\mathrm{sum}}(t_d, Q^p|C_i) = \sum_{t \in T_o} \sum_b SevOL_{b,t}(t_d, Q^p|C_i) \quad (3.8)$$

其中，$SevOL^{\mathrm{sum}}(t_d, Q^p|C_i)$ 和 $SevLV^{\mathrm{sum}}(t_d, Q^p|C_i)$ 分别是在观测时长 $T_o$ 内，电网在所有支路过载和所有母线低电压方面的累积严重程度。

在时间间隔 $t$ 内，母线 $k$ 处的电压幅值下降 $|V_k(t)|$ 被视为对电网的一种违规情况，而违规程度由低电压严重程度函数 $SevLV_{k,t}(|V_k(t)|)$ 来衡量。在本书中，使用一个连续函数来衡量违规程度，该函数能够反映这种情况实际上存在多大风险[141]。低电压的连续严重程度函数的计算公式如下[124]：

$$SevLV_{k,t}(|V_k(t)|) = \begin{cases} a - a \times |V_k(t)|, & |V_k(t)| \leqslant V_{\mathrm{ref}} \\ 0, & |V_k(t)| > V_{\mathrm{ref}} \end{cases} \quad (3.9)$$

$$a = \frac{V_{\text{ref}}}{V_{\text{ref}} - V_{\text{lim}}} \tag{3.10}$$

其中，$V_{\text{ref}}$、$V_{\text{lim}}$ 和 $|V_k(t)|$ 分别为参考值、确定极限值以及电压的标幺值（p.u.）。根据文献 [124] 和 [142]，本书设定 $V_{\text{ref}} = 1$ p.u., $V_{\text{lim}} = 0.97$ p.u.。当 $|V_k(t)| < V_{\text{lim}}$ 时，$|V_k(t)|$ 处于确定性违规区域；当 $V_{\text{lim}} < |V_k(t)| < V_{\text{ref}}$ 时，$|V_k(t)|$ 处于近违规区域。

过载严重程度函数是针对每个电路（输电线路和变压器）定义的。一个电路的过载程度是通过以该电路额定功率（$PR$）的百分比表示的过电流来衡量的。过载严重程度函数的定义为：

$$SevOL_{b,t}(PR_b(t)) = \begin{cases} d \times PR_b(t) + c, & PR_b(t) \geqslant PR_{b,\text{lim}} \\ 0, & PR_b(t) < PR_{b,\text{lim}} \end{cases} \tag{3.11}$$

在本书中，根据文献 [124] 和 [141]，我们设定 $PR_{b,\min} = 0.9$，$d = 10$ 以及 $c = -9$。当 $PR_b(t)$ 的值小于 0.9 时，被视为安全；当 $0.9 \leqslant PR_b(t) < 1$ 时，处于近违规区域；当 $PR_b(t) = 1$ 时，处于确定性违规区域。

### 3.1.3 风险场景模拟流程

非顺序蒙特卡洛模拟[143]被用来计算交通网络上事故后果的严重程度，同时考虑了事故特征的随机变化性。单次非顺序蒙特卡洛模拟的运行流程如图 3.2 所示。在每次模拟运行中，第一步是选取一天中的某个时间点和一条道路；第二步是使用公式 (3.1) 和公式 (3.4) 对事故持续时间和通行能力减少量进行采样。在第二步中，假设具有采样到的事故特征的道路交通事故发生在某条道路上，根据 CTM 的更新公式 (2.1)~(2.13) 进行求解，并基于公式 (2.14) 和公式 (2.15) 计算充电需求。随后，在第三步中，求解交流潮流方程 (2.16)，为第四步计算交通网络性能指标提供基础，这些性能指标通过公式 (3.9) 和公式 (3.11) 计算得出。在第五步中，计算交通网络上事故后果的严重程度。针对同样的事故特征，在交通网络中所有道路上重复整个过程，直至所有道路均处理完毕。为了涵盖事故及其特征的随机变化性，这一过程会被重复多次。

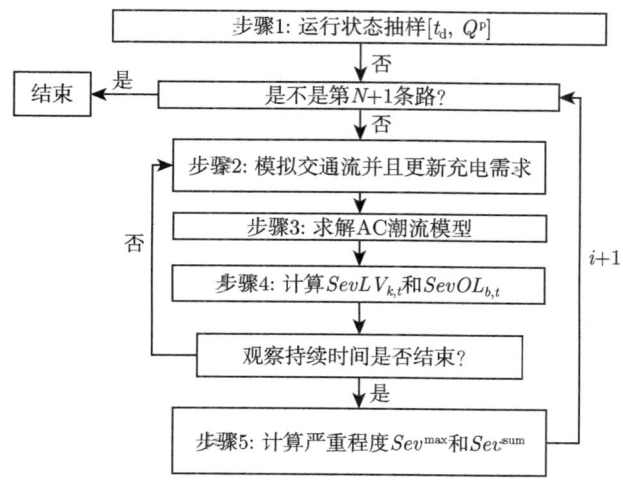

图 3.2 单次非顺序蒙特卡洛模拟的运行流程图

## 3.2 应　　用

### 3.2.1 数据描述

将纽约州国家公路系统的一部分[144]作为测试交通网络（如图3.3(a)所示），这部分路网的拓扑结构（如图3.3(b)所示）被提取出来。尽管该网络的规模相对较小，但它已足够完整，可以阐释本章所提出的框架。在该网络中，有 11 个路段和 6 个交叉路口，设有两个入口和两个出口。每个路段的车道数量是根据道路上的最大交通量来分配的，因为我们假设道路的通行能力在正常情况下可以完全满足交通需求。在本书中，每个路段都被假定为只有一个行驶方向。每个交叉路口的转弯率和合并参数假定在所有交叉路口处是恒定且相等的。为了简化后续分析，仅采用该网络的拓扑结构，并且假定每个路段的长度相等（21.67 英里）。

元胞表示的网络如图3.3(c) 所示。在图3.3(c) 中，将入口和出口分别标记为圆形和三角形。每个元胞具有相同的长度，其宽度与车道数量成比例。图3.3(c) 中的实线表示两个编号元胞之间的直接连接，而虚线表示某些有序元胞被省略。

研究网络中一条车道的元胞特性被列于表3.1中。这里假设时间间隔为 1 分钟。如果选择不同的时间间隔，则从耦合系统中观察到的具体数据，如通过充电站的车辆数量和基础负荷,将会有所不同,但从系统层面分析得到的结果,比如过载严重程度和低电压的趋势,将保持一致。实际上,交通-电力系统会随着时间的推移在一个连续且动态的过程中不断演变。为了研究这些演变中的系统,通常使用离散的时间间隔来观察和记录系统状态。如果选择不同的时间间隔,系统的状态和记录的数据可能会有所不同。一般来说,时间间隔越短,获得的观察状态和信息越多,但也需要更多的计算时间和存储空间。根据我们的测试,1 分钟的时间间隔在计算效率和结果准确性之间提供了一个良好的平衡。

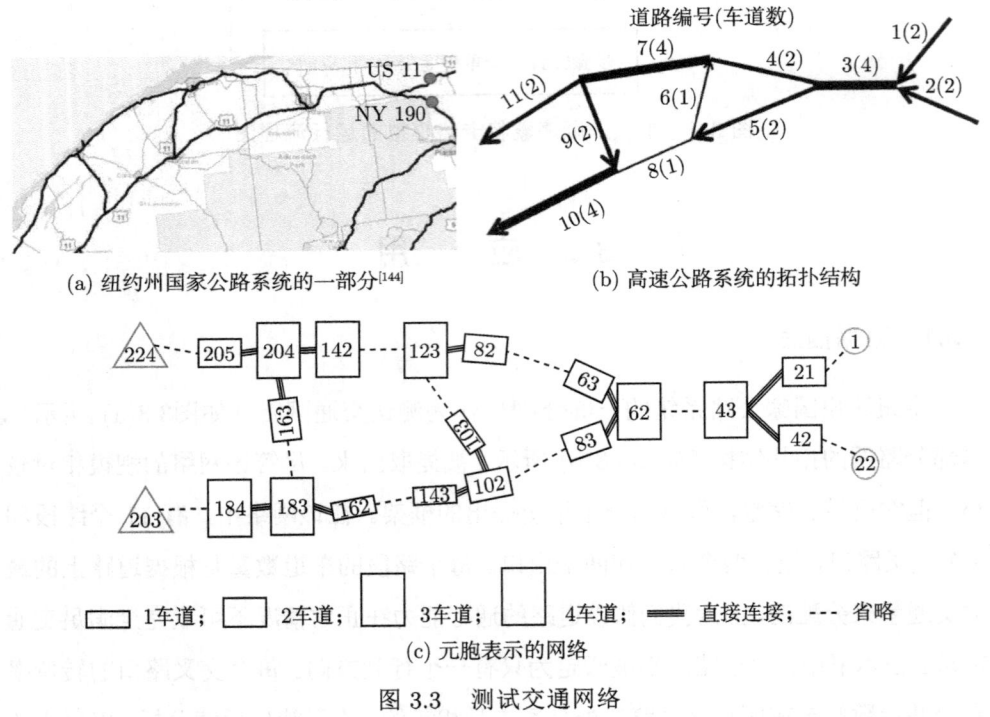

图 3.3 测试交通网络

交通需求代表了非拥堵时段的到达交通流量,并呈现出一年中不同月份、一周中不同日期以及一天中不同时刻的典型变化模式[133,146]。为了获得每小时交通需求 (Hourly Traffic Demand, HTD),使用了年平均日交通量(Annual Average Daily Traffic, AADT)的数据。年平均日交通量是交通工程中最常用的参数之一,它表示所观测路段的繁忙程度。它可以通过一条道路一年的总交通量除以 365 天来计算。考虑到一天中的时间,根据一周中的日期和一年中的月份对小时交通量分配因子（Hourly Temporal Allocation Factor, HTAF）进行分类，每小时时间分配因子被定义为每小时交通需求与有向 $AADT$ 的比率。因此，一天中第 $t$ 小时的交通需求 ($HTD_t$) 可以通过以下公式估算：

$$HTD_t = ADDT \times HTAF_t \tag{3.12}$$

表 3.1　研究网络中一条车道的元胞特性[145]

| 参数 | 数值 |
| --- | --- |
| 自由流速度/（英里·小时$^{-1}$） | 65 |
| 时间间隔/分钟 | 1 |
| 元胞长度/英里 | 1.083 3 |
| 元胞数量 | 224 |
| 最大流量/（车辆·分钟$^{-1}$·车道$^{-1}$） | 40 |
| 每个元胞（单车道）的最大车辆数 | 200 |
| 合流参数 | $P_{A,i}(t) = P_{B,i}(t) = 0.5$ |
| 转弯率 | $\beta_{i,j}(t) = 0.5$ |

路段 NY 190 和 US 11 的交通数据来自纽约州交通部门网站[147]。道路 1 和道路 2 的小时交通量分配因子（如图3.4所示）通过计算每小时的车辆数与全天总车辆数的比值得出。测试系统的总 $ADDT$ 假设为 112 890，大约是纽约州注册车辆总数（11 288 933 辆[148]）的 1%。

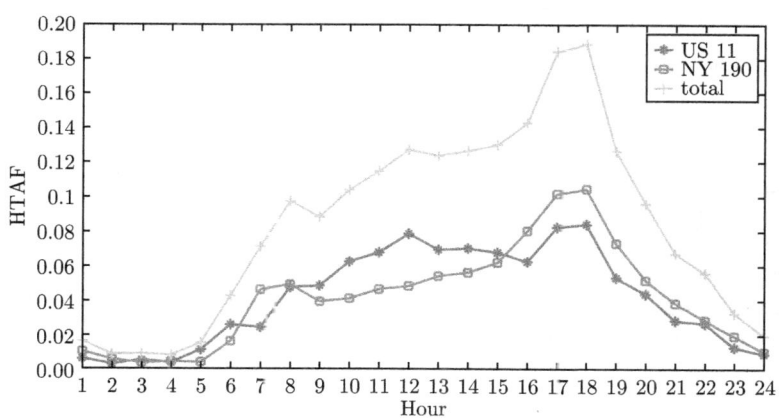

图 3.4　道路的 HTAF

对于电力网络部分,考虑了 IEEE 13-bus 辐射配电网络[149],并将其修改为 11 节点辐射系统[124](如表3.2所示)。IEEE 13-bus 系统的空间结构保持不变,但忽略了调节器、电容器和开关。

表 3.2 传输线参数

| 支路 | 起始母线 | 终止母线 | 电阻/Ω | 电抗/Ω | 载流量/kA |
|---|---|---|---|---|---|
| 1 | 1 | 2 | 0.116 | 0.371 | 1.0 |
| 2 | 2 | 3 | 0.368 | 0.472 | 1.9 |
| 3 | 2 | 4 | 0.696 | 0.555 | 0.5 |
| 4 | 4 | 5 | 0.696 | 0.555 | 1.0 |
| 5 | 2 | 6 | 0.116 | 0.371 | 0.5 |
| 6 | 6 | 7 | 0.303 | 0.252 | 1.9 |
| 7 | 6 | 8 | 0.696 | 0.555 | 0.5 |
| 8 | 8 | 9 | 0.696 | 0.555 | 1.0 |
| 9 | 8 | 10 | 0.377 | 0.318 | 0.5 |
| 10 | 6 | 11 | 0.116 | 0.371 | 0.5 |

根据高速公路网络的地理位置,我们从纽约独立系统运营商(New York Independent System Operator,NYISO)的网站[150]收集了相应区域的电力基础负荷数据,基础负荷模式如图 3.5 所示(用菱形标记的线)。我们假设所有节点的基础负荷模式相同。总基础负荷假设为该地区一天负荷(即 301 780 MW)的 2%。

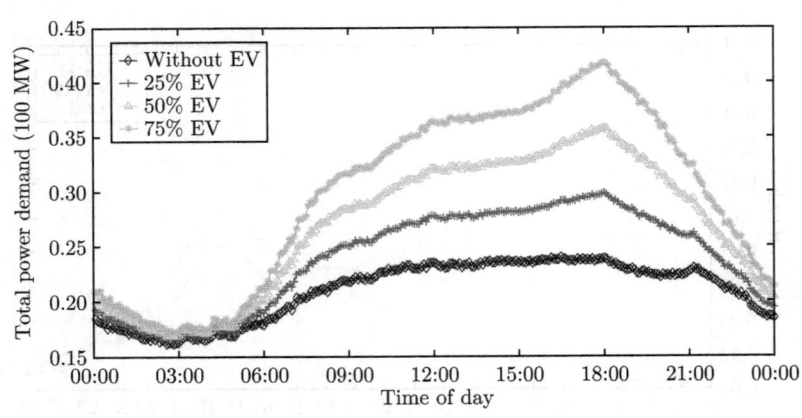

图 3.5 耦合网络在典型工作日的总电力需求

在集成系统中,我们假设每个路段的中间都有一个充电站,其由 11 节点系统中对应编号的节点供电。例如，路段 1 的充电站位于元胞 10 和 11 之间，由节点 1 提供服务，因此该充电站的充电需求可以表示为 $CH^1_{10,11}$。文献 [125] 提出了三种电动汽车充电等级。本书采用第二级（32 A 和 240 V），因为这是私人和公共充电设施的主要标准。为了简化，假设充电概率是恒定的，$r(t) = 0.7$。我们在公式 (3.2) 中将参数 $\lambda$ 和 $P$ 分别设置为 0.012 2 和 2.212，遵循文献 [135] 的设定。由于缺乏通行能力减少数据，公式 (3.3) 中的实际值 $\mu$ 和 $\sigma$ 未知，因此选择了典型且现实的数值 0.217 和 0.117 进行仿真。

### 3.2.2 性能测试

本节研究了集成系统的一些基本性能，假设在不考虑交通事故的情况下进行，并研究了三种电动汽车的渗透率：25%、50% 和 75%。假设电动汽车的平均电池容量为 24 kWh。本书考虑的是相似类型的电动汽车。如果考虑不同容量的电动汽车，结果不会有显著的差异。原因在于，本书的目的是研究交通事故对电力网络的影响，这是一个系统层面的研究，因此我们只关心特定充电站的总充电需求。在这种情况下，电动汽车的异质性及其充电行为被忽略，使用电动汽车的平均电池容量进行研究。

（1）电力需求

图 3.5 显示了不同电动汽车渗透率下的电力需求。一般而言，随着电动汽车渗透率的增加，总电力需求也随之增加。结果表明，电动汽车充电负荷具有明显的时间分布。电动汽车充电负荷在各个时间段内并非均匀增长。更多的电动汽车充电负荷出现在交通高峰时段（18:00 左右），这是因为假设充电需求与交通流量之间存在线性关系。因此，总电力需求模式被交通流量模式重塑。

（2）支路负荷

支路负荷是配电规划中的另一个关键方面，尤其是在电动汽车渗透率较高时。图 3.6 显示了在最高峰负荷时段（如图 3.5 所示）不同电动汽车渗透率下的支路负荷。正如预期的那样，随着电动汽车渗透率的增加，支路负荷也随之增加。如图 3.6 所示，当电动汽车渗透率低于 25% 时，电力网络可以在没有过载风险的情况下运行。当电动汽车渗透率为 0% 时，负荷最重的支路是支路 6

(65.7%)。随着电动汽车渗透率增加到 75%，支路 2 成为负荷最重的支路，且 11 节点系统中大多数支路的负荷超过了额定容量。我们可以观察到，支路 5 和支路 7 在电动汽车渗透率较高时的负荷增量最小。

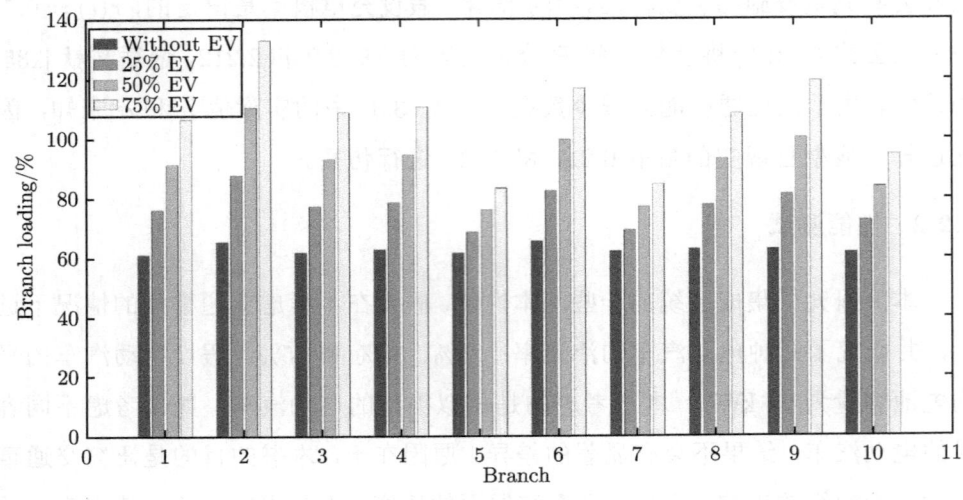

图 3.6　最高峰负荷时段的支路负荷

（3）电压曲线

图 3.7 显示了不同电动汽车渗透率下，全天各节点电压幅值的变化。从图 3.7 右侧的图示可以观察到，电压幅值的最小值随着电动汽车渗透率的增加而下降。换句话说，较高的电动汽车渗透率会导致较严重的低电压问题。由于节点 1 直接与电力供应商连接，因此其电压幅值保持不变。节点 2、6 和 11 的电压幅值波动较小，而节点 3、5 和 7 的电压幅值波动较大。在 18:00 时，节点 5 在 50% 和 75% 电动汽车渗透率条件下的电压幅值分别为 0.949 3 p.u. 和 0.945 6 p.u.，是一天中最低的。这表明，电动汽车充电需求与电动汽车的流动性密切相关，并且对耦合电力网络的节点电压产生影响。

### 3.2.3　结果与分析

在本书中，交通事故发生的时间点设置为 6:00 到 18:30，每步长为 30 分钟，共有 26 个时间步。18:30 到次日 6:00 期间的交通事故不被考虑，因为这些时间段系统内的交通流量较小，这些事故对电力网络的影响较小或对电力网络几乎没有影响。观察时长设置为事故持续时间加上 3.5 小时，以确保所有延误的车辆能够在观察时长内驶离。假设电动汽车渗透率为 50%。

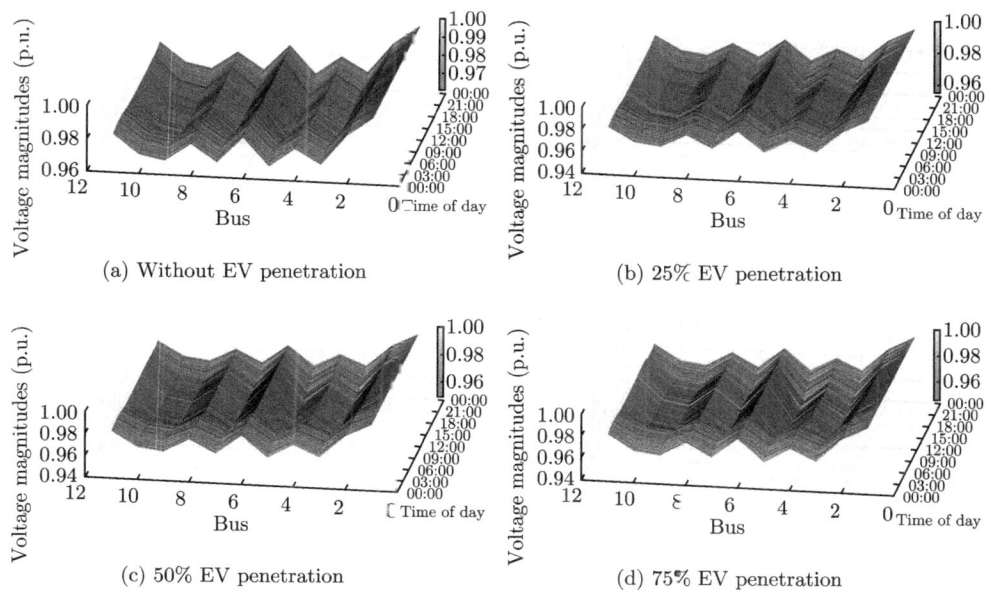

图 3.7　母线节点电压幅值

（1）严重程度

图 3.8 显示了 3.1.2 节介绍的四个严重程度指标的分布结果。从图 3.8(a) 和图 3.8(c) 可以观察到，$SevLV^{sum}$ 的值分布范围较广且分布相对均匀，而 $SevLV^{max}$ 的范围则相对较窄，集中在 [10, 11.2] 区间。这意味着，尽管时间累计低电压的严重程度在不同采样场景中的差异较大，但大多数场景中的瞬时低电压水平的严重程度是相对可比且显著的。

在图 3.8(b) 中，过载累计严重程度的概率值在区间 [0, 0.8477] 内为 0.040 7，这意味着几乎有 4% 的采样交通事故不会对电力网络产生不利影响。其余的概率在 $SevOL^{sum}$ 的值范围 (0.124 9, 249.624 5] 内相对均匀分布。图 3.8(d) 显示，$SevOL^{max}$ 的值趋于集中在几个点（例如 0.798 2、5.091 3 和 5.262 7），这与 $SevLV^{max}$ 的分布相似。

虽然一些场景的 $Sev^{sum}$ 较小，但 $Sev^{max}$ 较高，这是因为 $Sev^{sum}$ 主要受

事故持续时间的影响,而 $Sev^{\max}$ 则由事故持续时间和通行能力减少共同决定。如果一个实时交通事件导致道路的通行能力大幅降低,但如果该交通事件在非常短的时间内通过响应电力得以清除,则其累计影响可能会非常小,然而最大严重程度可能仍然保持较高水平。

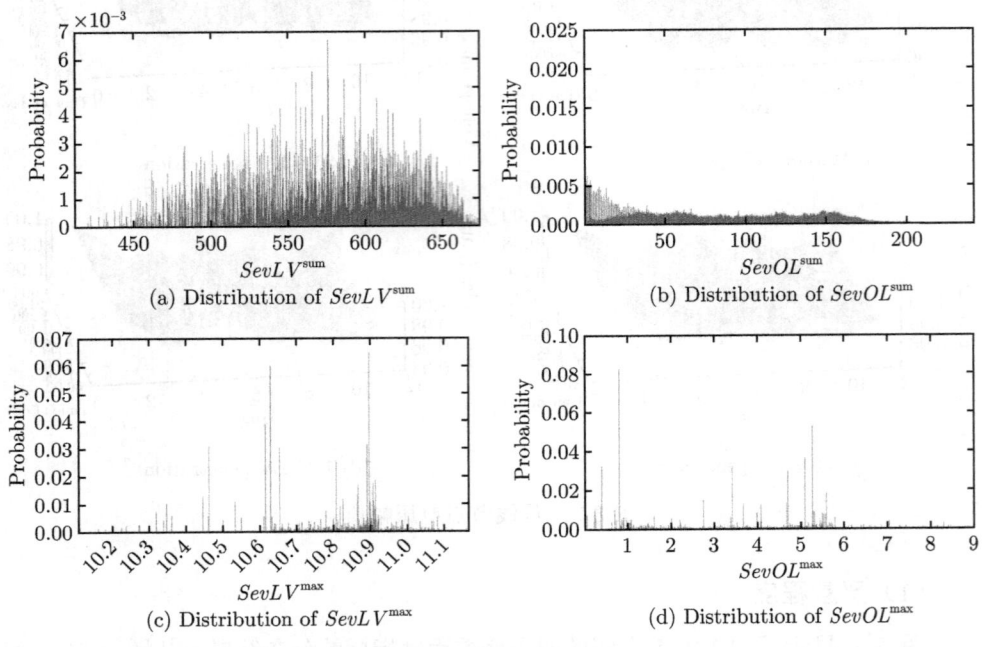

图 3.8　四个严重程度指标的分布情况

## （2）交通事故发生时间

在本节中,将仿真结果根据交通事故发生时间进行分类,然后将获得的严重程度值范围分为 25 个等间隔区间。频率分布如图 3.9 所示。图中的每个块对应于某个实时交通事件的发生时间以及其对电力网络影响的严重程度值区间。每列表示在相同时间发生的 RTI 的严重程度值分布。

从图3.9(a) 可以看出,低电压累积严重程度的值在考虑的时间范围内呈扇形分布,这符合我们的直觉。从 6:00 到 10:30,$SevLV^{\text{sum}}$ 的值逐渐增大,因为随着道路交通事故的发生时间接近高峰时段,交通需求越来越多。相反,从 17:00 到 18:30,$SevLV^{\text{sum}}$ 的值逐渐减小,然而在电网中导致严重低电压后果的概率仍然相对较高。在 11:00 至 17:00 期间发生的交通事故最有可能导致电网出现高严重程度的低电压后果。

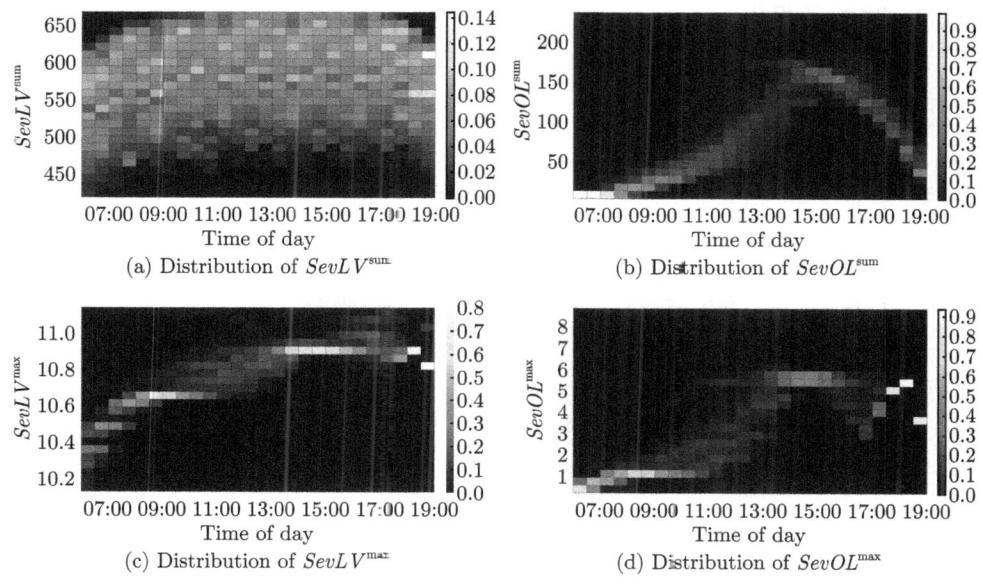

图 3.9 不同发生时间的严重程度分布

从图 3.9(b) 可以看出，从 6:00 到 7:30，由道路交通事故引发的过载问题可以忽略不计，因为累积过载严重程度极低且具有很高的概率。累积过载严重程度从 7:30 到 14:00（从概率意义上讲）逐渐增加；此后，它会减少。对于图3.9(d) 所示的过载最大严重程度，如果道路交通事故发生在 14:00 至 16:30 之间，那么就 $SevOL^{max}$ 而言，其对电网的影响极有可能是严重的。对于在 6:00 至 9:00、13:00 至 15:30 和 17:30 至 18:30 期间发生的道路交通事故，它们在 $SevOL^{max}$ 方面的影响很可能集中在某些区间内。例如，图3.9(d) 中 18:00 处的白色块意味着在 18:00 时 $SevOL^{max}$ 等于 5.093 6 的概率为 1。在这种情况下，18:00 发生的道路交通事故会在同一时间给电网造成最严重的过载。这是因为即使发生了道路交通事故，但由于交通需求的急剧减少，充电需求也会减少。在图3.9(c) 中也能发现类似的情况。

（3）交通事故的位置

在本节中，我们研究道路交通事故的位置在影响电网方面所起的作用。为此，将模拟结果根据交通事故的位置进行分类；然后，将相应的严重程度值的范围划分为 100 个相等的区间。不同道路上交通事故严重程度的分布情况显示在图3.10 中,并且由不同道路上的交通事故导致的累积严重程度的平均值在表3.3中进行了报告。

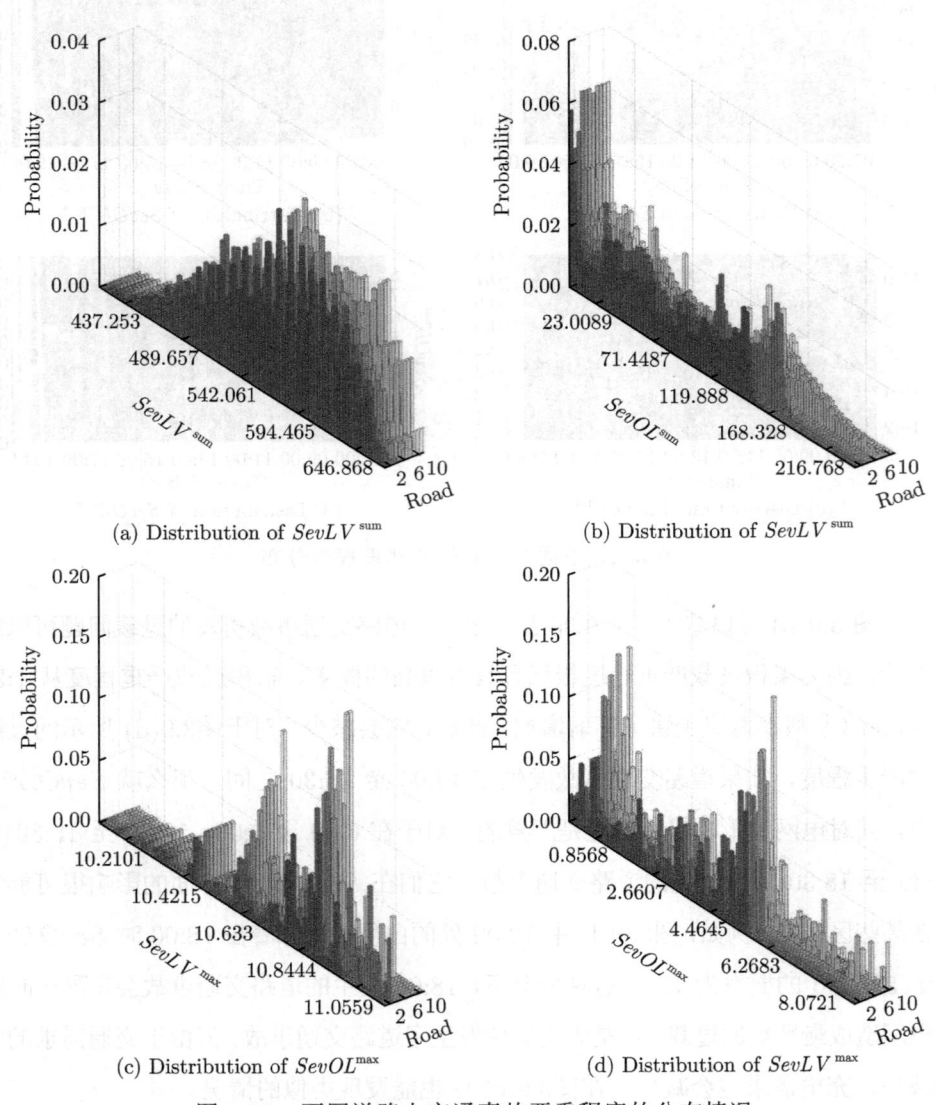

图 3.10 不同道路上交通事故严重程度的分布情况

如图3.10(a) 所示,不同道路的低电压累积严重程度具有相似的分布,甚至在 $SevLV^{sum}$ 的相同数值区间上具有相似的概率。结合表3.3,我们可以发现发生在道路 7、9 至 11 上的道路交通事故往往会导致相对更严重的后果。不同道路的过载累积严重程度(在图3.10(b)中)也具有相似的分布。对于 $SevOL^{sum}$ 而言，当道路交通事故发生在道路 3 和 7 上时，其对电网的预期影响比发生在其他道路上的要严重得多。就图3.10(c) 中的 $SevLV^{max}$ 来说，当 $SevLV^{max} \leqslant 10.5272$ 时，所有道路上 $SevLV^{max}$ 的分布是均匀的。当 $SevLV^{max} > 10.5272$ 时，道路上 $SevLV^{max}$ 的分布变得分散。然而，一般来说，不同道路上 $SevLV^{max}$ 的期望值没有明显差异，正如表3.3所示：当道路交通事故发生在道路 3 上时，$SevLV^{max}$ 的期望值仅略高于其他道路。对于图3.10(d) 中的 $SevOL^{max}$，所有道路的 $SevOL^{max}$ 主要分布在两个范围，即 [0, 1.7587] 和 [3.5626, 6.2683]，这与图3.8(d) 和图3.9(d) 中的分布一致。具体而言，发生在道路 7 和 10 上的道路交通事故会导致电网中支路出现更严重的过载。这可能是因为道路 7 和 10 的交通流量都很大。考虑到道路 10 的 $SevOL^{max}$ 的期望值远大于其他道路的期望值，这一点可以得到验证。

表 3.3　由不同道路上的交通事故导致的累积严重程度的平均值

| 道路 | $M(SevLV^{sum})$ | $M(SevOL^{sum})$ | $M(SevLV^{max})$ | $M(SevOL^{max})$ |
|---|---|---|---|---|
| 1 | 572.6897 | 73.1956 | 10.7919 | 3.1159 |
| 2 | 571.9196 | 61.2706 | 10.8146 | 2.8730 |
| 3 | 571.6475 | 97.2086 | 10.8859 | 3.7007 |
| 4 | 573.4125 | 76.4001 | 10.7819 | 3.0082 |
| 5 | 573.4098 | 78.2048 | 10.7795 | 3.0631 |
| 6 | 574.1901 | 69.3689 | 10.7388 | 2.8846 |
| 7 | 574.4666 | 91.6380 | 10.7900 | 3.8461 |
| 8 | 574.2197 | 69.8673 | 10.7404 | 2.8648 |
| 9 | 574.5189 | 81.6956 | 10.7602 | 3.3955 |
| 10 | 574.5053 | 83.4116 | 10.7876 | 4.4369 |
| 11 | 574.5160 | 71.8882 | 10.7388 | 3.0236 |

总之，发生在不同道路上的交通事故就四个严重程度指标而言对电网产生不同程度的影响，但无论考虑哪个严重程度指标，发生在道路 3 和 7 上的道路交通事故通常会给电网带来相对更严重的后果。

## 3.3 结论

本章提出了一个基于模拟的框架，用以对纽约州交通耦合电网进行考虑道路交通事故的概率风险评估。本章使用了一种非顺序蒙特卡洛算法，以考虑道路交通事故的随机性。本章在道路交通事故条件下，通过基于 CTM 的实时交通模拟对时空电动汽车充电负荷进行了评估；通过针对支路过载和低电压的不同严重程度指标评估了电网受到的影响。案例研究表明，随着电动汽车渗透率的提高，特定电网面临的风险如预期那样增加。我们还发现，在 14:00 至 17:00 左右发生的道路交通事故通常会对纽约州的电网产生更大的影响，即母线上的低电压和支路过载会产生更严重的后果。就位置而言，发生在交通流量大的道路（例如道路 3 和 7）上的道路交通事故通常会在研究的系统中导致更严重的过载和低电压方面的后果。

总之，本章工作的重点在于：① 在交通耦合电网的风险评估背景下，首次考虑了经常发生在公路网络中但在现有研究中被忽视的交通拥堵问题；② 所提出的方法能够在特定案例中模拟交通系统和电网之间的动态相互作用，估算时空电动汽车充电负荷，并追踪在公路网络中发生的干扰向电网的传播。值得指出的是，通过将不同路网结构转换为 CTM 中的元胞表示形式，该模型可适用于不同的路网结构。例如，文献 [50] 展示了如何将 Nguyen-Dupius 的 13 节点网络转换为元胞表示形式。该模型也存在一些约束和局限性。在对道路交通事故进行建模时，可用容量函数中的确定性参数虽然在大多数文献中都有使用，但由于缺乏相关数据，这些参数并不容易确定。该模型的计算时间主要受模拟时间间隔以及公路网络和配电网规模的影响。通常，在将该模型应用于规模较大的系统时，需要通过选择合适的时间间隔在计算时间和结果的准确性之间找到一个平衡。

目前，本章工作仅聚焦于所研究的配电网中的过载和低电压问题。当发生事故时，车辆数量减少，因此电力需求也会显著减少，导致充电站出现用电不足的问题，这可能会给电网带来暂时的过电压问题。这种问题在正常或稳态条件下某些主要负载从电网断开连接时确实可能会发生。车辆数量减少且拥堵后电力需求也显著减少的情况确实存在。然而，这种情况仅在相对严格的条件下才会发生：①拥堵后道路的可用容量几乎降为零，这在高速公路上很少发生[133]；②拥堵发生在交通流量非常大的时候。只有当这些条件都满足时，车辆数量才会急剧减少，充电需求才会立即减少。在本章的案例中，由于不满足上述两个条件，因此这种暂时的过电压问题并未出现。此外，本章假设交通拥堵分别发生在每个路段，以探究交通拥堵发生位置的重要性。在此假设下，在短时间内，只有最近的充电站会受到影响，而其他充电站和基础负载不会受到影响。因此，仅一个路段的充电需求在这种交通-电力系统背景下可能算不上主要负载。如果考虑多个路段同时发生交通拥堵的情景，过电压问题将变得更加显著且值得研究。

# 第 4 章
# 考虑快充站故障的电气化路网韧性评估

预计在不久的将来,电动汽车和充电设施的数量将大幅增加,这将进一步使现有的公路网络与电力系统相互耦合。这可能会给系统带来新的压力和风险。本章提出一个数学框架,用以分析在其配套的快充站可能发生故障的情况下,电气化路网的韧性。

2.2 节所提出的基于 CTM 的 SO-DTA-E&C 模型被用作第一阶段模型,以在快充站正常运行时进行交通流量分配。接着,本章构建了第二阶段模型,该模型旨在快充站随机发生故障后,即在故障及恢复阶段,将总出行时间降至最短。我们在研究中考虑了两个指标,用以量化电气化路网的性能以及快充站故障所产生的影响。通过一个数值算例,本章验证了所提出的用于分析电气化路网韧性的框架的实用性。结果表明,在高速公路入口附近部署快充站并确保其正常运行,是增强系统韧性的关键因素。这一分析能够为系统运营商提供指导,助力他们有效管理电气化路网,并识别出对提升系统韧性至关重要的快充站。

在本章中,我们假定不存在用于应对充电站故障的备用方案(例如电网系统的备用电源以及变压器的缓冲机制)。这一假设是基于本书的研究目的而设定的。尽管可以考虑备用电力的存在(见文献 [151]),但本书旨在研究电气化路网针对快充站故障的韧性。此项研究旨在识别电气化路网中的关键组件(即不同快充站的重要程度),比如确定应优先在哪些充电站安装备用电源,以便为提升网络韧性提供指导。在本章中,我们关注的是快充站从故障到恢复的停用时长,而非具体的有限恢复与修复资源。诸如如何分配有限资源以及如何优化恢复快充站服务等问题并不在本章的兴趣范围内。

本章其余部分的结构安排如下:4.1 节介绍两阶段模型;4.2 节给出三个指标,用以量化快充站故障对交通网络性能的影响;4.3 节通过一个数值示例展示所提框架的应用;4.4 节给出一些结论及未来研究方向。

## 4.1 充电站故障过程的两阶段模型

由于故障发生的时间和位置具有随机性,因此我们提出第二阶段模型,以解决快充站故障情况不确定情况下的交通分配问题。第 2 章所提出的 SO-DTA-E&C 模型用作快充站正常运行时的第一阶段模型。第一阶段模型的解,连同快充站故障的相关信息(发生时间、位置、持续时长),作为参数输入到第二阶段模型。快充站故障信息可由适当的不确定性模型(例如电网连锁故障模型(见文献 [152]))生成;然而,这个问题超出了本书的研究范围。如果我们在快充站故障条件下直接使用 SO-DTA-E&C 模型,这就相当于假定系统运营商能够预见故障何时何地发生,而这是不现实的。

正常阶段的系统状态与相同条件下无故障时的系统状态一致。因此,可以假定一个相应的无故障情景,在此情景下的系统状态可通过所提出的 SO-DTA-E&C 模型计算得出。故障阶段加上恢复阶段的系统状态将由稍后介绍的第二阶段模型计算。无故障情景的结果和有故障情景的结果分别记为 $I$ 和 $II$。

为了对快充站的故障进行建模,我们使用 $\alpha_i^t$ 表示故障发生的时间、地点以及相应的快充站停止服务的时长。其他参数与正常情况下的相同。在实际中,故障发生的位置和时间通常是不确定的,并且系统运营商会在故障发生后做出响应。一旦发生故障,系统运营者就会预先估计修复所需的时间。在本书中,我们假设系统运营商在故障发生后能立即获取故障信息(时间和地点),并估计恢复充电服务所需的时间。需要注意的是,如果无法预先估计修复所需的时间,则可将提出的模型扩展为一个三阶段模型来应对此情景。同样地,当前模型可以处理多个快充站同时发生故障的情况,并且可以扩展为一个多阶段模型,用于处理多个快充站在不同位置和时刻发生故障的场景。

我们构建了两阶段优化模型。其目标函数与 SO-DTA-E&C 模型的相同,即最小化总出行时间(公式4.1):

$$\min_{d,x,\dot{x},y} \sum_{i\in\{\mathcal{I}\setminus\mathcal{C}_S\}} \sum_{e\in\mathcal{E}} \sum_{r\in\mathcal{R}} \sum_{t\in 0,\cdots,T_h} x_{i,II}^{e,r}(t) \qquad (4.1)$$

其中 $T_f$ 是故障发生的时刻。对于正常阶段,系统状态由 SO-DTA-E&C 模型计算得出：

$$x_{i,II}^{e,r}(t) = x_{i,I}^{e,r}(t), \quad \forall i \in \mathcal{I}, \; \forall e \in \mathcal{E}, \; \forall r \in \mathcal{R}, \; t \in \{0, \cdots, T_{\text{f}} - 1\} \quad (4.2)$$

$$y_{i,j,II}^{1,r}(t) = y_{i,j,I}^{1,r}(t), \quad \forall (i,j) \in \mathcal{O}, \; \forall e \in \mathcal{E}, \; \forall r \in \mathcal{R}, \; t \in \{0, \cdots, T_{\text{f}} - 1\} \quad (4.3)$$

$$d_{i,II}^{e,r}(t) = d_{i,I}^{e,r}(t), \quad \forall i \in \mathcal{C}_{\text{R}}, \; \forall e \in \mathcal{E}, \; \forall r \in \mathcal{R}, \; t \in \{0, \cdots, \min\{T_{\text{f}}-1, T_{\text{d}}\}\} \quad (4.4)$$

$$\dot{x}_{i,II}^{e,r}(t) = \dot{x}_{i,I}^{e,r}(t), \quad \forall i \in \mathcal{I}, \; \forall e \in \mathcal{E}, \; \forall r \in \mathcal{R}, \; t \in \{0, \cdots, T_{\text{f}} - 1\} \quad (4.5)$$

一旦发生故障，运营商就会立即收到信息并做出响应。路上所有的电动汽车会根据故障情况重新规划路线：

$$\sum_{\forall r \in \mathcal{R}^w \cap i \in \mathcal{P}^r} x_{i,II}^{e,r}(T_{\text{f}}) = \sum_{\forall r \in \mathcal{R}^w \cap i \in \mathcal{P}^r} x_{i,I}^{e,r}(T_{\text{f}}), \quad \forall i \in \mathcal{I}, \; \forall e \in \mathcal{E}, \; \forall w \in \mathcal{W} \quad (4.6)$$

公式 (4.6) 表明，在具有相同 O-D 对且包含相同元胞 $i$ 的这些路径之间，对元胞 $i$ 处的交通流量进行重新分配。所有起讫点对的交通需求均保持不变。

如果在某一快充站中仅有部分充电桩发生故障，而其他充电桩仍能正常工作，那么将使用与时间相关的参数 $NC_i(t)$ 来描述这种情况，具体方式是调整在时间区间 $t$ 内充电元胞 $i$ 中可使用的充电桩最大数量。连接到故障充电桩的电动汽车将返回排队元胞，而其他车辆不受影响。因此，此时充电链路的非负约束被取消，而其他元胞的约束保持不变。在时间区间 $T_{\text{f}}$ 内，公式 (2.32) 修改如下：

$$y_{i,j}^{e,r}(T_{\text{f}}) \geqslant 0, \quad \forall (i,j) \in \{\mathcal{O}/\mathcal{O}_{\text{C}}\}, \quad \forall e \in \mathcal{E}, \forall r \in \mathcal{R} \quad (4.7)$$

如果某一快充站内所有充电桩都发生故障，那么参数 $\alpha_i^t$ 同样可用于描述这一情形。$\alpha_i^t = 0$ 意味着在时间区间 $t$ 内快充站的充电速度为 0（即无电力供应）。若使用 $\alpha_i^t$，那么已连接充电桩的电动汽车可以留在快充站内等待电力恢复。在快充站完全瘫痪的情况下，这两种对故障的表述方式是等效的。

故障发生后，变量同样需要遵循 SO-DTA-E&C 模型中的相同更新规则进行约束，只是时间范围有所不同。公式 (2.21) 保持不变。对于更新起始元胞的电动汽车占有率，如果 $T_{\text{f}} \leqslant T_{\text{d}}$，则在公式 (2.22a) 和公式 (2.22b) 中，对于所有 $\forall t \in \{T_{\text{f}}+1, \cdots, T_{\text{d}}+1\}$，其形式保持不变；如果 $T_{\text{f}} > T_{\text{d}}$，则无须公式 (2.22a)，且

对于公式 (2.22b)，所有 $\forall t \in \{T_f+1,\cdots,T_h\}$。对于元胞占有率，在公式 (2.23)~(2.26) 以及公式 (2.31) 中，$t$ 的范围是 $\{T_f+1,\cdots,T_h\}$。对于交通流量，在公式 (2.27)、公式 (2.29)、公式 (2.30) 中，$t$ 的范围是 $\{T_f,\cdots,T_h\}$。在公式 (2.32) 中，$t$ 的范围是 $\{T_f+1,\cdots,T_h\}$。

公式 (4.2) 至公式 (4.5) 表明，故障发生前系统的状态应与正常情况下的相同。故障发生后，对于尚未出发和已经出发的电动汽车，其路线选择以及所需电量会根据当前系统状态、已知的故障情况和系统运行约束条件重新规划。应对措施包括为部分电动汽车更换快充站、为部分无须充电的电动汽车更改路线。一旦发生故障的充电站恢复运行，就要求它们立即毫无延迟地提供充电服务。

需要注意的是，本书的主要关注点在于提出一个评估考虑快充站故障的电气化路网韧性的方法框架。实际上，由于需要考虑电动汽车的续航里程、荷电状态以及不同的充电时间，因此为开发该框架而处理的 SO-DTA 问题已然变得相当复杂。尽管用户均衡动态交通分配可能更贴近现实生活，但将其用于框架开发会大幅增加计算时间和复杂度。不含电动汽车的用户均衡动态交通分配问题本身就已经很复杂，且计算成本高昂。用户均衡动态交通分配问题的解集通常是非凸的（见文献 [131]），并且捕捉排队溢出情况可能导致用户均衡动态交通分配问题无解（见文献 [153]）。为使问题易于处理，本书采用系统最优（SO）原则，基于此，系统最优动态交通分配问题可作为评估电气化路网性能的基准（见文献 [154]）。

## 4.2 韧性评估指标

为了研究快充站故障对系统运行的影响，我们从两个角度进行考量：系统性能和局部组件性能。

设 $\kappa$ 表示具有特定特征的某一特定快充站故障。定义累计吞吐量性能 $\phi^\kappa(t)$，用以表示截至时刻 $t$，故障 $\kappa$ 给所有电动汽车造成的延误程度。累计吞吐量性能通过以下方式计算：在故障事件 $\kappa$ 发生的情况下，截至时间 $t$ 的实际累计到达量与无故障情况下预期的累计到达量之比。

$$\phi^\kappa(t) = \frac{\sum_{i\in\mathcal{C}_S}\sum_{e\in\mathcal{E}}\sum_{r\in\mathcal{R}} x_{i,II}^{e,r}(t)}{\sum_{i\in\mathcal{C}_S}\sum_{e\in\mathcal{E}}\sum_{r\in\mathcal{R}} x_{i,I}^{e,r}(t)} \quad (4.8)$$

其中，$x_{i,I}^{e,r}(t)/x_{i,II}^{e,r}(t)$ 是在快充站正常/故障条件下，时刻 $t$ 沿路线 $r$ 且能量水平为 $e$ 的汇流元胞 $i$ 中的占有率；$x_{i,I}^{e,r}(t)$ 表示 2.1 节所提出的第一阶段问题的决策变量 $x_i^{e,r}(t)$；$x_{i,II}^{e,r}(t)$ 是在 4.1 节中构建的第二阶段问题的决策变量。

$\phi^\kappa(t)$ 的值越低意味着截至时刻 $t$ 有越多的用户被延误而滞留在路上，系统的性能损失也就越大。

一种被广泛认可的韧性指标的定义如下（见文献 [83] 和 [155]）：

$$R = \frac{\int_{T_0}^{T_h}[100 - P(t)]dt}{T_h - T_0} \quad (4.9)$$

其中，$T_0$ 和 $T_h$ 分别为所考虑时间范围的起始时间和结束时间，$P(t)$ 是在时刻 $t$ 系统性能的损失百分比。公式 (4.9) 通过在所研究的时间范围内的平均性能来衡量韧性。

由于在我们的模型中时间是离散化的，因此公式 (4.9) 需进行修改，基于累计吞吐量性能的系统韧性由以下公式定义：

$$\chi^\kappa = \frac{\sum_{t=T_0}^{T_h} \phi^\kappa(t)}{T_h - T_0} \quad (4.10)$$

快充站和路线是所研究系统的主要组成部分，我们分别计算它们的利用率，以探究故障对这些局部组件运行的影响。快充站 $i$ 的累计利用率 $\eta_i(t)$ 用于量化截至时间 $t$ 时，快充站 $i$ 对电动汽车充电的贡献。它等于，截至时间 $t$ 快充站 $i$ 所提供的累计能量（能量水平）与截至同一时间 $t$ 所研究系统中所有快充站提供的累计能量之比。在无故障条件下，截至时间 $t$ 快充站 $i$ 的累计利用率 $\eta_{i,I}(t)$ 的计算公式如下：

$$\eta_{i,I}(t) = \frac{\sum_{s=0}^{t}\sum_{e\in\mathcal{E}}\sum_{r\in\mathcal{R}} x_{i,I}^{e,r}(s)\cdot\alpha_{i,I}^s}{\sum_{s=0}^{t}\sum_{i\in\mathcal{C}_C}\sum_{e\in\mathcal{E}}\sum_{r\in\mathcal{R}} x_{i,I}^{e,r}(s)\cdot\alpha_{i,I}^s}, \forall i \in \mathcal{C}_C \quad (4.11)$$

其中，$\sum_{s=0}^{t}\sum_{e\in\mathcal{E}}\sum_{r\in\mathcal{R}} x_{i,I}^{e,r}(s)$ 表示从开始到第 $t$ 个时间间隔内，每个时间间隔在快充站 $i$ 的电动汽车占用计数总和。考虑到快充站 $i$ 的充电速度乘数 $\alpha_{i,I}^s$，

公式 (4.11) 的分子表示截至时间 $t$ 快充站 $i$ 提供的累计能量（能量水平）。需要注意的是，公式 (4.11) 未考虑未使用的充电桩。

所提出框架的流程如图4.1所示。在此框架内，输入数据主要由三部分组成：电气化路网的配置、交通需求以及快充站故障特征。对于电气化路网，所需信息包括网络结构，道路长度，容量，自由流速度，快充站的位置、容量（充电桩数量）以及充电速度（充电功率）。交通需求包括出发地、目的地、车辆初始充电状态和行驶里程。第三部分数据包含快充站故障的位置和持续时间。在第一阶段，将交通需求和电气化路网配置输入 2.2.1 节提出的 SO-DTA-E&C 模型。这样可得到快充站正常情况下的交通分配方案。接着，将快充站故障前时间段的交通分配方案、故障特征、故障后的交通需求以及所研究的网络配置输入4.1节提出的第二阶段模型。基于从这两个阶段获得的交通分配方案，可根据4.2节制定的指标评估局部组件（快充站）的性能和全局系统的韧性。

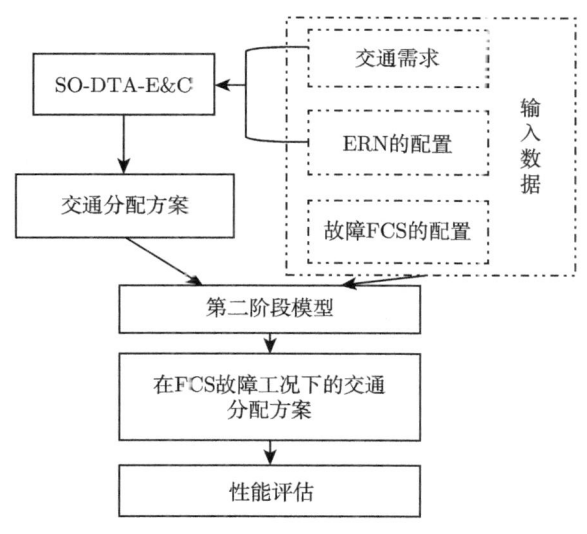

图 4.1　所提出框架的流程图

## 4.3　数　值　示　例

需要注意的是，本书所提出的模型能够处理如下场景：在某个充电站中，少数充电桩因发生故障而无法工作，而其他充电桩仍能正常运行。这类故障场景可能较为常见，并且通常对道路网络的影响较小或可忽略不计，即它们属于所谓的高频低影响事件。另外，从系统韧性的角度来看，本书主要关注低频高影响事件，即整个快充站发生故障，或者多个快充站同时发生故障。这些事件虽然发生的可能性相对较小，但在诸如停电和极端天气等情况下仍可能发生。从全球风险的角度来看[156]，据报道，极端天气事件（如洪水、风暴）和自然灾害（如地震、海啸）在发生可能性方面分别位居第一和第三，在影响程度方面分别位居第五和第六。与自然灾害相比，网络攻击和关键信息基础设施故障具有类似的影响，但发生的可能性较小。因此，研究这些低频高影响事件具有很大的现实意义，有助于识别后果最严重的场景，并对所研究系统的韧性进行管理。

### 4.3.1 数据描述

此处采用了文献 [157] 中的网络，因为它是一个具有代表性的网络，并且在诸多文献[52,131,158]中被广泛应用。尽管该网络的规模不大，但其结构足够复杂，足以阐释我们所提出的框架。在此，我们对其进行了修改，添加了 4 个快充站。假设这些快充站仅配备直流快充设备，每个站点安装 20 个充电桩。它们通过 480 V 交流电输入进行充电。根据文献 [159]，充电 20 分钟，可使车辆续航增加 60 至 80 英里。

我们取时间步长 $\tau = 6$ 分钟，自由流速度 $v_f = 50$ 英里/小时。2018 年，电动汽车满电续航里程的中位数估计为 125 英里[160]。本研究将该数据用作电动汽车的平均最大行驶里程。因此，根据公式 (2.17)，总能量等级为 25 级。每个充电桩的充电功率为充电 20 分钟可续航 60 ~ 80 英里，即每个时间段的充电速度为 3.6 ~ 4.8 个能量等级。为简化起见，在正常情况下，我们将 $\alpha_{i,I}^t = 4$ 设为每个时间段 4 个能量等级。所有使用的数据和参数已上传至补充材料[161]。

（1）初始电量

在本书中，我们依据车辆在途中是否有充电需求，而非其动力类型（汽油驱动或电力驱动）来对车辆进行区分。这是因为对于在途中无充电需求的电动汽车，其路线选择行为与汽油驱动汽车的相同。由于目标函数是将所有车辆的总行驶时间降至最短，所以在途中有充电需求和无充电需求的车辆会协同利用道路通行能力和充电设施这些有限资源，因此它们之间不存在竞争行为。

本书对电动汽车渗透率进行了研究,通过电动汽车的初始能量水平(Initial Energy Level, IEL)来模拟这一指标。那些初始能量水平较高的电动汽车在行程中没有充电需求,因而可被视作非电动汽车。为了系统地研究不同电动汽车渗透率的影响,我们在某一特定故障事件下,针对 5 种具有不同初始能量水平设置的场景,应用所提出的方法展开研究。电动汽车的初始能量水平被划分为 6 组:极低(Very Low, VL)组、低(Low, L)组、中等(Middle, M)组、高(High, H)组和极高(Very high, VH)组。假设一辆电动汽车的初始能量水平为 $E_I$,且需要从 A 地行驶到 B 地。$E_{SP}/E_{LP}$ 分别是完成 A 地与 B 地之间最短/最长路径所需的初始能量水平。$E_{NFCS}/E_{FFCS}$ 是从 A 地到达最近的快充站(Nearest Fast-Charging Station, NFCS)/最远的快充站(Farthest Fast-Charging Station, FFCS)所需的初始能量水平,且该能量水平小于或等于 $E_{SP}$。它们之间的关系如图4.2所示。当提及所需的初始能量水平时,我们仅考虑从起点行驶到特定地点的实际距离所消耗的能量水平,暂时不考虑随时间变化的能量消耗。极低组包含那些无法支持电动汽车从起点抵达最近快充站的初始能量水平,即 VL = $\{E_I < E_{SP}\}$。若电动汽车的 IEL 能让其到达最近快充站与最远快充站之间的位置,那么这些 IEL 属于低组,即 L = $\{E_{NFCS} \leqslant E_I \leqslant E_{FFCS}\}$。中等组包含的 IEL 能使电动汽车通过最短路径(Shortest Path, SP)到达最远快充站与目的地之间的位置,即 M = $\{E_{NFCS} < E_I \leqslant E_{SP}\}$。高组包含的 IEL 能让电动汽车到达目的地,即 H = $\{E_{SP} < E_I \leqslant E_{LP}\}$。其余那些能使电动汽车到达目的地且还有剩余电量的 IEL 属于极高组,即 VH = $\{E_I > E_{LP}\}$。若电动汽车的 IEL 属于极高组,那么这些电动汽车可被视为非电动汽车,因为无论选择哪条路线,它们在途中都无须充电。每个组以及各 O-D 对对应的能量水平区间列于表4.1 中。

完成最短路径所需的初始能量水平 $E_{SP}$ 决定了途中需要充电的电动汽车初始能量水平的最小上限。完成最长路径(Longest Path, LP)所需的初始能量水平 $E_{LP}$ 决定了在途中无须充电的电动汽车初始能量水平的最大下限。如果 $E_I < E_{SP}$,那么电动汽车必须在途中充电。如果 $E_I \geqslant E_{SP}$,那么电动汽车是否需要在途中充电则取决于它将选择哪条路线。

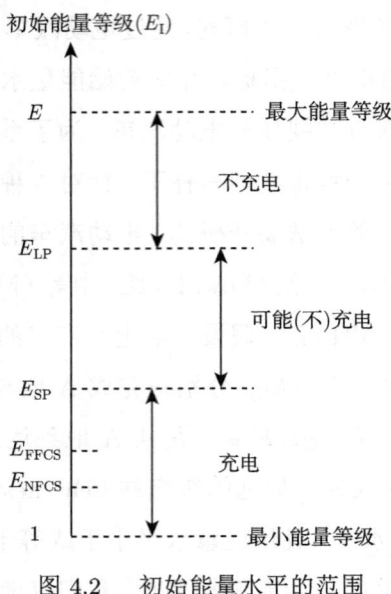

图 4.2　初始能量水平的范围

表 4.1　各个组以及 O-D 对对应的能量水平区间

| 起讫点 | 极低组 | 低组 | 中等组 | 高组 | 极高组 |
|---|---|---|---|---|---|
| | $<E_{\text{NFCS}}$ | $\leqslant E_{\text{FFCS}}$ | $\leqslant E_{\text{SP}}$ | $\leqslant E_{\text{LP}}$ | $> E_{\text{LP}}$ |
| 1-10 | [1,4] | [5,6] | [7,10] | [11,13] | [14,25] |
| 1-29 | [1,4] | [5,10] | [11] | [12,14] | [15,25] |
| 11-10 | [1,3] | [4,8] | [10,11] | [12] | [13,25] |
| 11-29 | [1,3] | [4,8] | [9] | [10,13] | [14,25] |

5 种场景下初始能量水平的百分比分布情况如表4.2所示。在所有场景中，我们假设每个 O-D 对在每个时间步都有 100 辆车出发，并且在最大出发时间内，电动汽车的 IEL 分布保持不变。这 5 种场景可被视为不同的电动汽车渗透率水平，其中非电动汽车的占比从至少 90% 到至少 50% 不等。

假设特定故障事件 $\kappa_b$ 发生在第 10 个时间步，快充站 41 出现故障，且故障在持续 1 小时后（在第 20 个时间步）恢复正常。这一故障事件可在第二阶段模型中通过改变参数 $\alpha_{i,II}^{t}$ 的值来模拟，该参数表示第二阶段模型中快充站 41 在时刻 $t$ 的充电速度。为模拟故障事件 $\kappa_b$，当 $t \in \{0, \cdots, 9\}$ 时，将 $\alpha_{41,II}^{t}$ 设为 4，这意味着从时刻 0 到 9，快充站 41 的每个充电桩在每个时间间隔内可提供 4 个能量等级；当 $t \in \{10,\cdots,19\}$ 时，将 $\alpha_{41,II}^{t}$ 设为 0，表明从时间间隔 10 到 19，快充站 41 的所有充电桩均发生故障，在此期间快充站无法提供充电服务；在剩余时间内，再次将 $\alpha_{41,II}^{t}$ 设为 4，以表示充电桩恢复服务。

表 4.2　5 种场景下初始能量水平的百分比分布情况

| 场景 | VL 组 | L 组 | M 组 | H 组 | VH 组 |
| --- | --- | --- | --- | --- | --- |
| $S_1$ | 0% | 3% | 3% | 4% | 90% |
| $S_2$ | 0% | 6% | 6% | 8% | 80% |
| $S_3$ | 0% | 10% | 10% | 10% | 70% |
| $S_4$ | 0% | 13% | 13% | 14% | 60% |
| $S_5$ | 0% | 16% | 16% | 18% | 50% |

（2）故障的特征

为了阐释所提出的模型并探究系统在各种场景下的运行情况，必须对快充站的故障进行特征描述。在本节中，我们考虑故障的两个主要特征：持续时间和位置。同时，在本节中，我们设定所有场景下的初始能量水平设置均遵循场景 $S_2$，并将故障事件 $\kappa_b$ 作为其他场景的参考。所有场景中的故障发生时间均从第 10 个时间步开始。

故障持续时间从半小时（5 个时间步）到两小时（20 个时间步）不等，而故障位置固定在 41 号快充站，这些情况分别记为 $\kappa_{d5}$、$\kappa_{d15}$、$\kappa_{d20}$。假设故障持续时间为一小时，且故障分别发生在研究网络中的每个快充站，这些情况分别记为 $\kappa_{l38}$、$\kappa_{l44}$ 和 $\kappa_{l47}$。在两个及以上快充站连接到同一个电网时，如果该电网发生停电，那么这可能会导致这些快充站同时无法使用。因此，我们简单研究了研究网络中两个快充站同时发生故障的各种非列组合场景。每个场景下故障的具体情况被列于表 4.3 和表 4.4 中。

表 4.3　每个场景下故障的具体情况一

| 故障情况 | 持续时间（时间步） | | | $\kappa_b$ | 故障位置 | | |
| --- | --- | --- | --- | --- | --- | --- | --- |
| | $\kappa_{d5}$ | $\kappa_{d15}$ | $\kappa_{d20}$ | | $\kappa_{l47}$ | $\kappa_{l38}$ | $\kappa_{l44}$ |
| 持续时间 | 5 | 15 | 20 | 10 | 10 | 10 | 10 |
| 故障位置 | 41 | 41 | 41 | 41 | 47 | 38 | 44 |

表 4.4　每个场景下故障的具体情况二

| 故障情况 | $\kappa_{41\text{-}47}$ | $\kappa_{41\text{-}38}$ | $\kappa_{41\text{-}44}$ | $\kappa_{47\text{-}38}$ | $\kappa_{47\text{-}44}$ | $\kappa_{38\text{-}44}$ |
|---|---|---|---|---|---|---|
| 持续时间 (时间步) | 10 | 10 | 10 | 10 | 10 | 10 |
| 故障位置 | 41 和 47 | 41 和 38 | 41 和 44 | 47 和 38 | 47 和 44 | 38 和 44 |

### 4.3.2 结果与分析

**（1）累计吞吐量表现**

图 4.3 和图 4.4 分别展示了不同场景下所有用户的总出行时间以及系统韧性。所得结果能够进行直观的解释。例如，我们观察到目标函数值和韧性值的分布呈现相反的趋势。图 4.3 和图 4.4 表明，初始能量水平较低的电动汽车数量越多（即电动汽车渗透率越高），系统韧性值越低，目标函数值越高；故障持续时间越长，系统韧性越低，目标函数值越高；系统韧性和目标函数值会因故障位置的不同而有所变化。一般来说，两个快充站同时发生故障比单个快充站故障造成的性能损失更大，两个快充站同时发生故障时的总出行时间也更长。

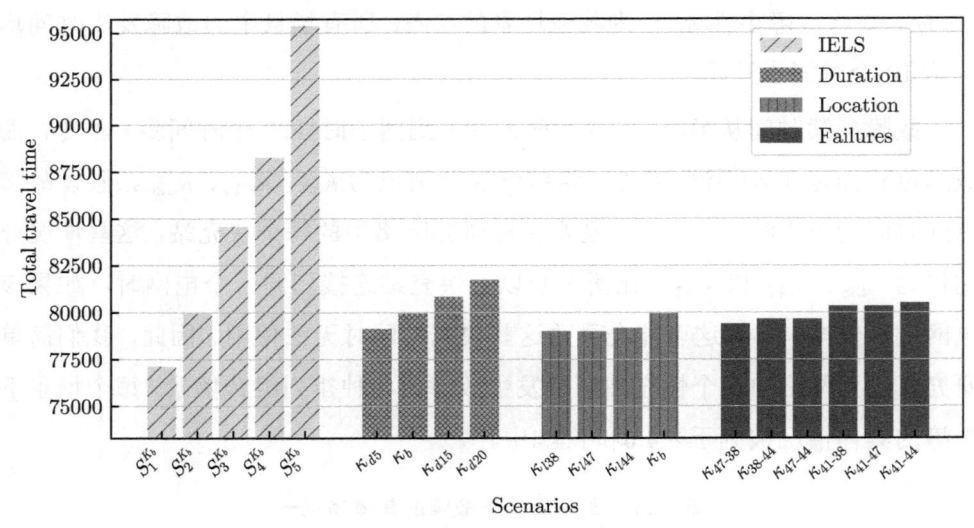

图 4.3　不同场景下的目标函数值

此外，图 4.3 显示，随着电动汽车渗透率的增加，整个系统的总出行时间稳步上升。也就是说，由于充电需求的增加，用户预计需要更长的时间才能到达目的地。

在图4.4中，在故障事件 $\kappa_b$ 发生时，当电动汽车渗透率从 10% 提高到 20% 时，系统在累计吞吐量方面的韧性下降幅度最大（下降了 0.3%）。随着电动汽车渗透率的进一步提高，系统韧性的边际下降幅度变小。这可能是因为快充站 41〔故障事件 ($\kappa_b$)〕的故障对系统韧性的影响受其服务能力的限制。

通过对不同场景进行比较，我们可以发现，快充站 41 在该研究网络中起着极其重要的作用。快充站 41 故障 10 个时间步所导致的系统性能损失，比快充站 47 和 38 同时故障 10 个时间步所导致的损失还要大。快充站 41 故障 15 个时间步所导致的系统性能损失，甚至比任意两个快充站同时故障 10 个时间步所导致的损失之和还要大。我们将在4.3.2节讨论快充站 41 为何如此重要。

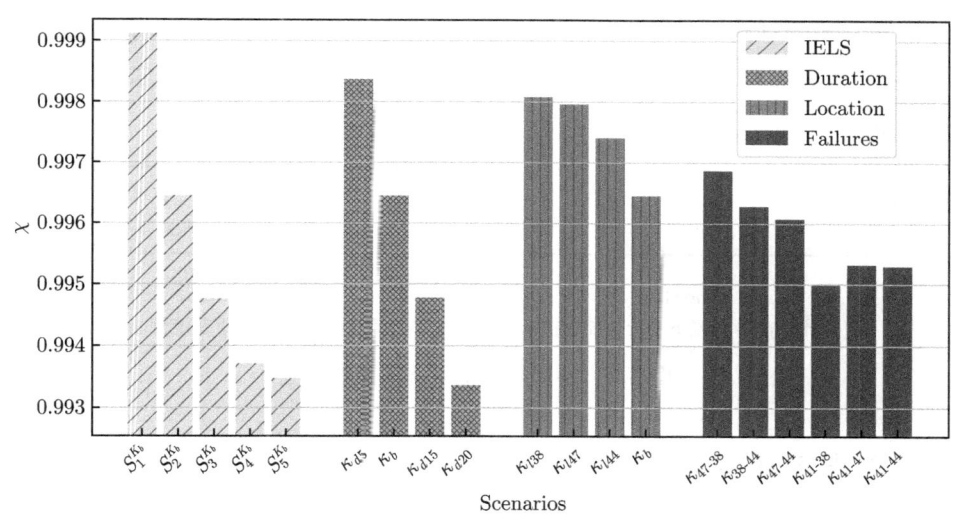

图 4.4  不同场景下的韧性

图4.5(a) 至图4.5(b) 展示了不同场景下系统性能随时间的演变情况。我们可以观察到，系统性能的变化滞后于故障情况的变化。这是因为系统性能是根据汇元胞中的电动汽车数量来计算的，而受影响而延误的电动汽车需要时间从故障发生位置行驶到汇元胞。因此，直到受影响的电动汽车到达汇元胞，系统性能才会受到影响。如图4.5(a) 所示，系统性能可能会暂时提升，但由于故障的影响，最终会出现波动下降的情况。此外，可以发现，当有更多初始能量水平较低的电动汽车（即电动汽车渗透率更高）时，系统性能恢复所需的时间更

长。这是因为此类故障会导致更多电动汽车延误。图4.5(b) 显示，故障持续时间越长，系统性能会下降到更糟糕的状态。图4.5(c) 表明，在故障 $\kappa_b$ 情况下系统性能的变化滞后于其他场景。这是因为快充站 41 离目的地最远。如图4.5(d) 所示，当故障场景涉及快充站 41 时，系统需要更长的时间来恢复。

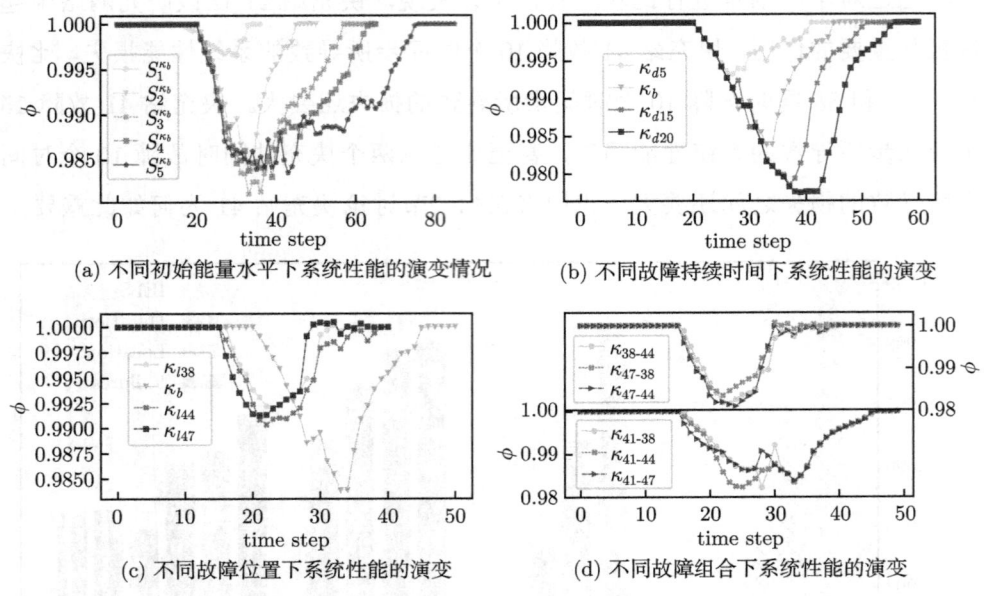

图 4.5 不同场景下系统性能的演变

### （2）快充站的累计利用率

图4.6展示了在表4.2所示的不同初始能量水平设置下，快充站累计利用率随时间的演变情况。场景 $S_2$ 与图4.7(b) 中的情况相同。此处省略了场景 $S_4$，因为在该场景下快充站的累计利用率与图4.6(b) 和图4.6(c) 所示的趋势相似。相同的灰度表示同一个快充站。

如图4.6(a) 所示，故障发生后，快充站 41 的累计利用率立即下降，而其他快充站的累计利用率则有不同程度的上升。故障的快充站恢复正常后，快充站 41 的累计利用率逐渐上升，但仍低于正常状态下的水平。这意味着，由于故障的发生，一些电动汽车改变了行驶路线，选择在其他快充站充电。如图4.6所示，在所有研究场景中，快充站 41 在所有快充站里始终提供最多的充电服务。这是因为快充站 41 在网络的拓扑结构中占据着重要位置。首先，该快充站部署在一个交通流量较大的十字路口。其次，快充站 41 距离源节点 1 和 11 最近，这意味着只有快充站 41 能够为从这两个源节点出发且初始电量较低的电动汽车提供服务。一旦快充站 41 发生故障，这些初始电量较低的电动汽车只能等待其恢复，因为它们剩余的电量不足以支撑它们到达下一个快充站。这一结果表明，在高速公路的城市入口附近部署快充站可能是有益的，这样可以为低电量的车辆提供急需的充电服务。此外，这些快充站的可靠运行对于提高整个电动汽车充电网络的恢复能力也至关重要。

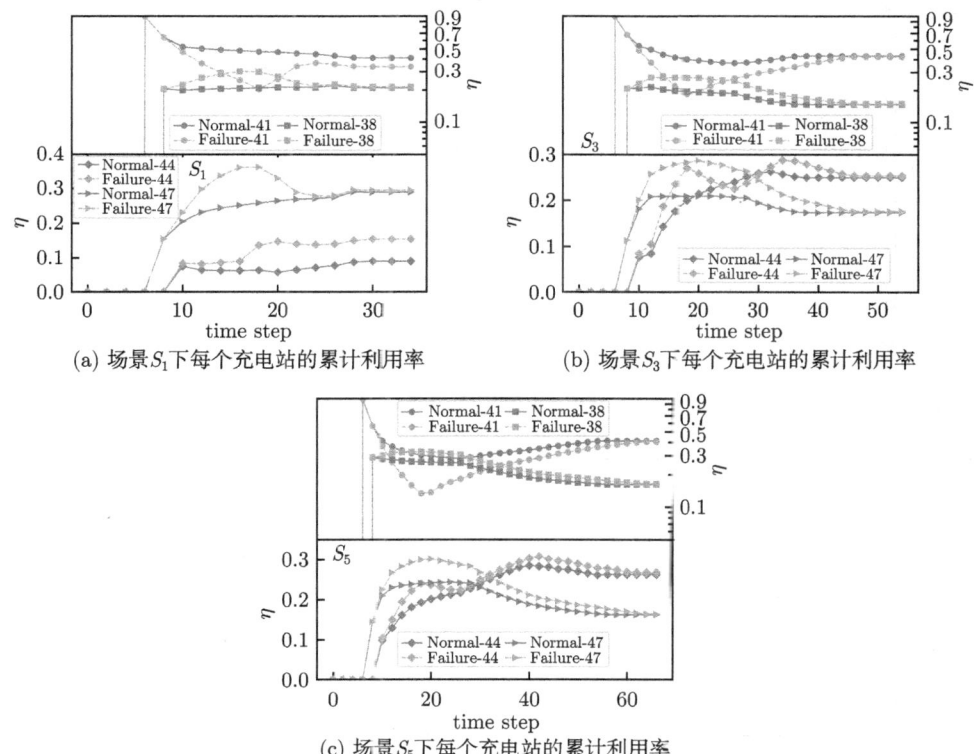

(a) 场景 $S_1$ 下每个充电站的累计利用率

(b) 场景 $S_3$ 下每个充电站的累计利用率

(c) 场景 $S_5$ 下每个充电站的累计利用率

图 4.6 不同初始能量水平设置下每个充电站的累计利用率随时间的演变情况

电动汽车不同的初始能量水平分布会使快充站累计利用率的排名有所不同。例如，如图 4.6(a) 至图 4.6(c) 所示，在场景 $S_1$ 中，快充站 44 的累计利用率最低，而在其余场景中，其累计利用率升至第二位。这是因为快充站 44 位于网络中所有 O-D 对共享的路段上。因此，与仅服务于 2 个 O-D 对的快充站 38 和 47 相比，当电动汽车渗透率增加时，快充站 41 和 44 都能够为更多电动汽车提供服务。我们还可以观察到，随着更多电动汽车配备较低的初始能量水平（即电动汽车渗透率更高），快充站在正常状态和故障状态下的累计利用率差异会变小。更多初始能量水平较低的电动汽车会使网络中的快充站更加繁忙。当某个快充站发生故障时，更多受影响的电动汽车无法通过更换充电地点来减少总出行时间，因为其他快充站也十分繁忙。即便它们前往其他快充站，由于需要额外的行驶时间和等待时间，也不会节省太多时间。因此，随着电动汽车渗透率的增加，系统性能会下降。

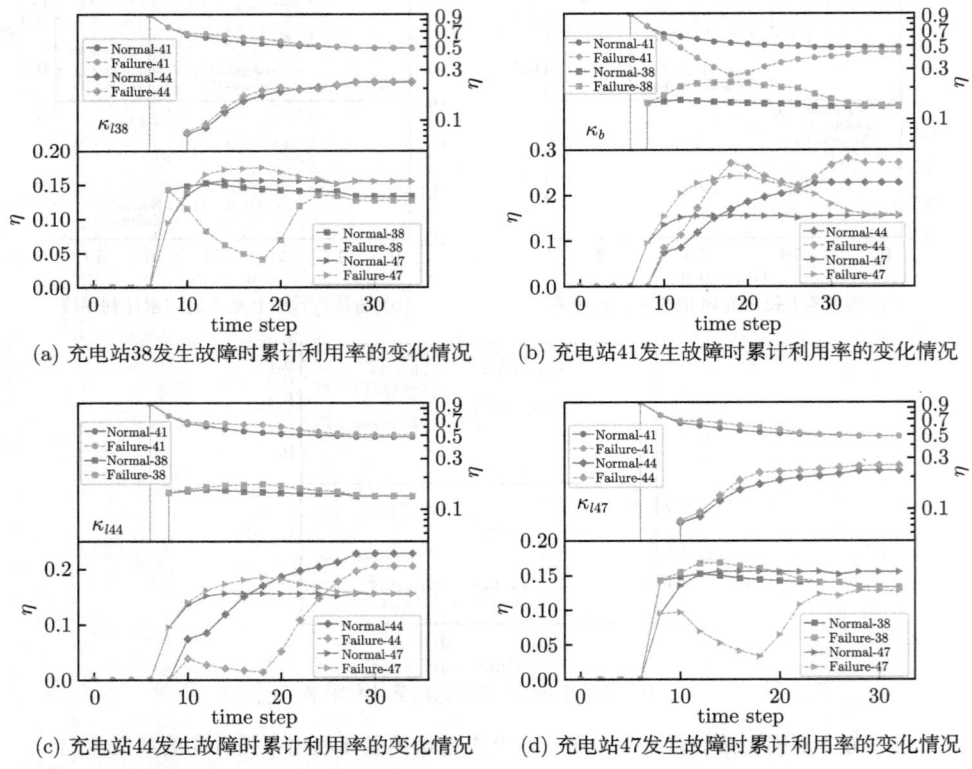

图 4.7　不同故障发生位置场景下每个充电站的累计利用率随时间的演变情况

图4.7(a) 至图4.7(b) 展示了在不同快充站发生故障的场景下，每个快充站的累计利用率随时间的演变情况。当快充站 38、41 和 47 分别发生故障时，在

所有快充站中，快充站 44 的累计利用率始终最能吸收故障的影响，这是因为它的地理位置优越，尽管其增长幅度会因场景的不同而有所变化。

## 4.4 结 论

本章提出了一个评估电气化路网韧性的框架，该框架考虑了快充站故障的情况，而在这一领域中，此类故障很少被考虑。2.2 节提出的基于 CTM 的 SO-DTA-E&C 模型被用作第一阶段模型，用以在快充站正常运行时进行交通分配。考虑到快充站可能出现故障，鉴于故障的不确定性，本章进一步提出了一个两阶段模型，同时给出了两个指标，用以评估电气化路网的韧性以及故障对快充站的影响。本章通过一个数值算例来展示所提出框架在评估充电网络韧性方面的有效性。结果表明，以累计交通流量衡量的充电网络韧性，会受到电动汽车渗透率以及快充站故障强度（即故障持续时间、同时发生故障的快充站数量）的显著影响。更多初始电量较低的电动汽车（电动汽车渗透率更高）、更长的故障持续时间以及两个快充站同时发生故障，通常会导致系统在累计流量性能方面的韧性下降。距离高速公路网络入口最近的快充站 41 的利用率最高。因此，如果该快充站发生故障，那么系统性能可能会严重受损。位于多个目的地共享路段上的快充站 44 在其他快充站发生故障时，能够吸收更多故障带来的影响。

这一结果意味着，在高速公路入口处部署快充站能够为那些出行前忘记充电的车主提供急需的充电服务。这些快充站的正常运行至关重要，有助于增强电气化路网的韧性。结果显示，在系统恢复之前，累计性能的下降幅度保持在 2% 以内。原因在于，所研究的网络对于所考虑的故障场景具有较强的鲁棒性。实际上，在所研究的电动汽车充电网络中，快充站的布局较为密集，且每个快充站中的充电桩数量也相对较多。

本章所提出的两阶段模型的结果可作为分析时空交通分布和充电需求的基准。该框架使我们能够确定对电气化路网韧性至关重要的组件（即不同快充站的重要性）。此类量化信息能为运营商提供指导，以提升系统应对快充站故障的恢复能力。例如，此类量化信息可以帮助确定应优先在哪些快充站安装备用电源，以应对潜在的停电情况。计算时间受诸多因素影响，如最大时间跨度、交通需求、充电网络拓扑结构、快充站配置、电动汽车渗透率及其电池容量等。需要注意的是，本章所提出的模型属于线性规划问题，可使用标准的多项式时间算法高效求解。此外，计算时间分析并非本书的主要关注点。如需更详细的讨论，请参考补充材料[161]。

# 第 5 章
# 不同决策环境下的动态交通-电力系统协同

在本章中,我们提出了一种动态交通-电力系统模型,用以研究相互依赖的 PN 和 RN,其操作通过本地边际电价和 EV 充电需求相互关联。对于 ERN,我们采用第2章提出的基于 LTM 的 SO-DTA 模型来实现以下目标:①适应 EV 和 FCS 的关键特征,如具有不同驾驶续航里程的电动汽车、电动汽车的初始充电状态、充电站的充电器数量及其充电功率;②显式建模电动汽车的充电过程;③解决电动汽车和燃油汽车混合情况下的最优动态交通分配问题。对于电力分配网络(Power Distribution Network,PDN)的经济运行,我们采用交流最优潮流模型来最小化电力支出。此外,我们还提出了数学算法来建模分散式、集中式和信息共享决策环境,以便比较协调交通-电力系统操作的差异及其社会效益。我们将所提出的模型和算法应用于一个示例交通-电力系统。结果表明,与集中式决策环境相比,分散式决策环境通常会导致运营成本和可再生能源的损失;然而,通过让 ERN 和 PDN 运营商共享有关电动汽车充电需求和预期地区边际电价的信息,这些损失可以大大减少。

本章其余部分的结构安排如下:5.1节建立了满足电动汽车充电负荷约束的最优潮流模型;5.2节描述了 RN 和 PN 的分散式、集中式和信息共享决策环境;5.3节通过一个数值示例展示了所建立模型的应用,并比较了不同决策环境下的解决方案;5.4节提供了相关结论。

## 5.1 最优潮流模型

我们考虑一个辐射型 PDN $\mathcal{G}_P(\mathcal{P}_N, \mathcal{P}_L)$,其中 $\mathcal{P}_N$ 和 $\mathcal{P}_L$ 分别表示母线和支路的集合。在辐射型网络中,每个母线与唯一的前驱母线相连,且母线的数量等于支路的数量(不包括平衡母线)。平衡母线的索引为 0。母线 $j$ 的后继母线集合表示为 $\Gamma(j) = \forall k : (j,k) \in \mathcal{P}_L$。本书采用了文献 [37] 中的电力系统模型，并额外添加了约束条件 (5.1)，用来限制连续两个时间段之间发电机的输出变化：

$$-p_j^{\text{ramp}} \leqslant p_j^{\text{g}}(t) - p_j^{\text{g}}(t-1) \leqslant p_j^{\text{ramp}}, \forall j \in \mathcal{P}_\text{N}, \forall t \in \mathcal{T} \tag{5.1}$$

其中，$p_j^{\text{g}}$ 是第 $t$ 时段在母线 $j$ 上的有功功率发电，$p_j^{\text{ramp}}$ 是母线 $j$ 上发电机的输出变化限值。

文献 [37] 中的电动汽车充电负荷是通过经过充电站的静态交通流量计算的，并假设每辆电动汽车的能量需求是固定的。在本书中，每个时段的充电负荷是通过在充电链路上停靠的电动汽车数量来计算的。每辆电动汽车的能量需求与2.3.2节中的假设①一致。因此，文献 [37] 中公式（28）中的电动汽车充电负荷被以下方程替代：

$$p_j^{\text{dc}}(t) = \sum_{a \in M(j)} \sum_{s \in \mathcal{N}_\text{S}} \sum_{c \in \mathcal{C}} \sum_{e \in \mathcal{E}_c} p_a^{\text{ev}} [UE_{a,c}^{s,e}(t) - VE_{a,c}^{s,e}(t)] \tag{5.2}$$

其中，$M(j)$ 是从母线集合 $\mathcal{P}_\text{N}$ 到充电链路集合 $\mathcal{A}_\text{C}$ 的映射，用于指定电力系统中母线与 RN 中充电链路之间的连接关系。$N(a)$ 是 $M(j)$ 的反向映射，将充电链路集合映射回母线集合。每个母线的 LMP 表示为 $\lambda_j^t$。充电链路 $a$ 上的充电价格可以通过 $\lambda_{N(a)}^t$ 获得。

我们通过详细说明所使用的目标函数来清晰描述所提出的 PDN 模型。PDN 运营商的目标是最小化总能源生产成本。最优潮流问题定义为 P1：

$$\min_{z \in \Phi} \sum_{t \in \mathcal{T}} \sum_{j \in \mathcal{P}_\text{N}} [a_j (p_j^{\text{g}}(t))^2 + b_j p_j^{\text{g}}(t)] + \sum_{t \in \mathcal{T}} \sum_{k \in \Gamma(0)} \mu(t) P_{0k}(t) \tag{5.3}$$

$$\Phi = \{z| \text{ s.t. 公式 (5.1)} \sim \text{公式 (5.2)，和文献 [24] 中的公式 (24)} \sim \text{公式(34)}\} \tag{5.4}$$

其中，$a_j$ 和 $b_j$ 是母线 $j$ 的生产成本系数，$P_{0k}$ 是从主电网到母线 $k$ 的有功功率流。公式 (5.3) 的第一项是本地发电机的生产成本，第二项是从主电网购电的成本。$\mu(t)$ 是时段 $t$ 与主电网的合同电价。

## 5.2 不同决策环境建模

在本节中,我们考虑了三种用于操作交通-电力系统的决策环境,这些环境可能出现在不同利益相关者协调相互依赖的基础设施时。通过分析不同的决策环境,我们能够比较它们在运营和社会效益上的差异,同时也可以研究信息共享的价值。

### 5.2.1 分散式决策环境

在当前的实际情况中,独立基础设施系统 ERN 和 PDN,通常以独立分散的方式确定其操作,但彼此之间的信息交流较少。

对于 ERN 部分,我们采用系统最优模型,其目标是通过动态交通分配来最小化总旅行成本。总旅行成本包括 EV 和 GV 的行驶时间成本、电动汽车的充电时间成本和充电成本。该最优交通流问题 P2 的数学表达式如下:

$$\min_{y \in \Psi} \sum_{s \in \mathcal{N}_S} \sum_{t \in \mathcal{T}} \sum_{a \in \mathcal{A}/\{\mathcal{A}_C, \mathcal{A}_S\}} \phi \tau [UG_a^s(t) - VG_a^s(t)] + \\ \sum_{s \in \mathcal{N}_S} \sum_{t \in \mathcal{T}} \sum_{a \in \mathcal{A}/\mathcal{A}_S} \sum_{c \in \mathcal{C}} \sum_{e \in \mathcal{E}_c} \phi \tau [UE_{a,c}^{s,e}(t) - VE_{a,c}^{s,e}(t)] + \\ \sum_{s \in \mathcal{N}_S} \sum_{t \in \mathcal{T}} \sum_{c \in \mathcal{C}} \sum_{e \in \mathcal{E}_c} \sum_{a \in \mathcal{A}_C} \lambda_{N(a)}^t p_a^{\text{ev}} \tau [UE_{a,c}^{s,e}(t) - VE_{a,c}^{s,e}(t)] \quad (5.5)$$

约束条件为公式 (2.41)~公式 (2.46) 和公式 (2.49)~公式 (2.62),其中 $\phi$ 是时间价值。

由于 ERN 运营商事先无法得知实时电价 $\lambda_{N(a)}^t$,我们假设运营商使用一个估计得到的固定充电价格。对于 PDN,假设 PDN 运营商只知道实时充电需求,不知道未来时段的充电需求。因此,P1 在每个独立的时段内被求解,总共求解 $T$ 次。分散式决策环境的求解程序如图5.1所示。首先,使用 ERN 运营商的估计 LMP 来求解 P1。然后,在每个时段,PDN 运营商接收来自每个 FCS 的实时充电需求。基于实时的电力需求,运营商求解 P2,以获得最优潮流模式 $z$ 及每个时段的实际 LMP。需要注意的是,这个价格不会改变交通分配的解决方案。最后,通过实际的 LMP 计算 ERN 运营商的实际充电成本。

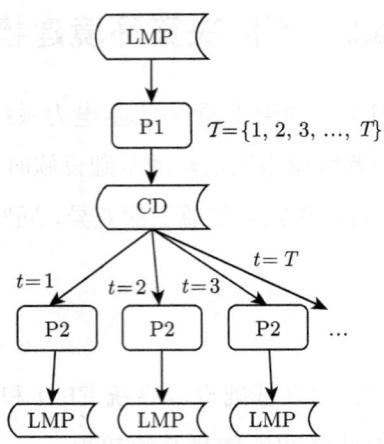

图 5.1 分散式决策环境的求解程序
注：CD 表示电动汽车的充电需求；LMP 表示边际电价。

### 5.2.2 集中式决策环境

集中式决策环境假设存在一个集中运营商，它负责协调 ERN 和 PDN，以最小化两个系统的总成本。这意味着 ERN 和 PDN 相互融合。尽管从独立系统的角度来看，这可能导致两个系统部分利益的牺牲。两个系统完全融合这种情况可能是过于理想的，但其结果可以作为基准。这种方法也可能是用于理解和分析 ERN 与 PDN 之间协调方式的最佳方式。集中式决策环境可以表示为以下优化问题：

$$\begin{aligned}
\min_{y,z\in\Psi,\Phi} & \sum_{s\in\mathcal{N}_S}\sum_{t\in\mathcal{T}}\sum_{a\in\mathcal{A}/\{\mathcal{A}_C,\mathcal{A}_S\}} \phi\tau[UG_a^s(t)-VG_a^s(t)]+ \\
& \sum_{s\in\mathcal{N}_S}\sum_{t\in\mathcal{T}}\sum_{a\in\mathcal{A}/\mathcal{A}_S}\sum_{c\in\mathcal{C}}\sum_{e\in\mathcal{E}_c} \phi\tau[UE_{a,c}^{s,e}(t)-VE_{a,c}^{s,e}(t)]+ \\
& \sum_{s\in\mathcal{N}_S}\sum_{t\in\mathcal{T}}\sum_{c\in\mathcal{C}}\sum_{e\in\mathcal{E}_c}\sum_{a\in\mathcal{A}_C} \lambda_{N(a)}^t p_a^{\text{ev}}\tau[UE_{a,c}^{s,e}(t)-VE_{a,c}^{s,e}(t)]+ \\
& \sum_{t\in\mathcal{T}}\sum_{j\in\mathcal{P}_N}[a_j(p_j^g(t))^2+b_jp_j^g(t)]+\sum_{t\in\mathcal{T}}\sum_{k\in\Gamma(0)}\mu(t)P_{0k}(t)
\end{aligned} \quad (5.6)$$

约束条件为公式 (2.41)~公式 (2.46)、公式 (2.49)~公式 (2.62) 和公式 (5.4)。

由于变量 $\lambda_{N(a)}^t$ 只有在最优潮流 $z$ 已知之后才能获得，因此本章提出了一种迭代算法来求解该问题。该算法的主要步骤列在算法 1 中。

**算法 1**：迭代算法

1. 初始化：选择一个收敛限值 $\epsilon > 0$ 和最大迭代次数 $I_{\max}$。设 LMP 向量 $\boldsymbol{\lambda} = \mathbf{0}$，目标值 $\theta = 0$，迭代次数 $i = 0$。
2. 在固定 LMP $\boldsymbol{\lambda}$ 的情况下，求解问题 (5.6)；得到目标值 $\theta^*$ 并从最优潮流中获取 $\boldsymbol{\lambda}^*$；
3. if $|\theta - \theta^*| < \epsilon$ 连续 $N$ 次 then
4. $\quad$ 终止并返回问题 (5.6) 的解；
5. else if $i = I_{\max}$ then
6. $\quad$ 终止，报告算法未收敛并返回问题 (5.6) 的解；
7. else $i = i + 1, \theta = \theta^*, \boldsymbol{\lambda} = \boldsymbol{\lambda}^*$，跳转到第 2 步。

### 5.2.3 信息共享决策环境

信息共享决策环境表示 ERN 运营商和 PDN 运营商主动共享（或是部分共享）其运营计划的信息，但两者不一定完全协调或合作。该环境假设两个运营商在时间范围开始时交换他们的预期计划。ERN 运营商将预期充电需求信息发送给 PDN 运营商。基于收到的信息，PDN 运营商计算预期电价并将其发送给 ERN 运营商，后者根据这些信息更新其计划。这种信息共享行为可以持续进行若干次，交换次数可以理解为运营商交换信息的可用时间。从建模的角度来看，信息共享决策环境与分散式决策环境类似。在这两种环境下，充电需求和 LMP 分别是 P1 和 P2 的参数。两者的不同之处在于，在信息共享决策环境中，PDN 运营商能够在一开始就知道整个时间范围内的可能充电需求；而在分散式决策环境中，PDN 运营商只能知道每个时段的实时充电需求。信息共享决策环境的求解程序如图5.2所示。

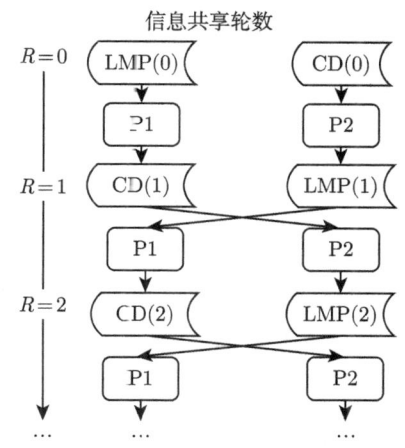

图 5.2 信息共享决策环境的求解程序

注：CD 表示电动汽车的充电需求；LMP 表示边际电价。

## 5.3 数值实验与结果

### 5.3.1 案例研究与系统配置

本章采用了文献 [37] 中提出的系统结构来说明所提出的模型,其中修改了 ERN 的道路长度,并在辐射式 PDN 中加入了可再生发电机。示例中使用的数据简要总结在附录B中,更多详细的数据和参数可在补充材料[161] 中找到。我们考虑了 4 个可再生分布式发电机(Distributed Generator,DG)和 4 个常规发电机,它们分别连接 4 个可再生 FCS(充电链接标签分别为 65、67、70、72)和 4 个常规 FCS(#66、#68、#69、#71)。在本示例中,我们采用了与文献 [36] 中类似的假设:①假设 DG 的输出是可控的,这意味着可再生能源的发电量可以被削减;②假设可以通过适当的预测方法得到 DG 的可用发电能力,以此作为实际发电量的上限。常规和可再生 DG 的发电成本在文献 [36] 中有详细说明。

### 5.3.2 实验说明与结果

所有实验均在一台配备 Intel Core i7-8700 3.2 GHz 处理器和 32 GB 内存的计算机上运行。所有问题均通过商业软件 IBM ILOG CPLEX(版本 12.6)求解。

算法 1 用于求解问题 (5.6)。将收敛限值 $\epsilon$ 和最大迭代次数 $I_{max}$ 分别设置为 0.01 和 90。从理论上讲,系统运营商之间可以进行任意轮次的信息交换;然而,考虑到实际限制,尤其是时间方面的限制,我们合理假设运行商之间仅交换一次信息。

表5.1比较了 3 种决策环境下的结果。结果显示,当 ERN 和 PDN 独立运行时,实际总成本最高,为 \$15 694.93。与集中式和信息共享决策环境相比,独立运行的总成本分别高出 27.73% 和 17.24%。这是因为在分散式决策环境下,ERN 运营商只知道固定的电价,并且不了解不同 FCS 和时段之间的差异,这使得其仅考虑了最小化行驶时间。这也导致了在分散式决策环境下充电成本和电力支出是最高的。当 ERN 运营商在交通分配前与 PDN 运营商交换一次信息时,实际充电成本可以显著降低,最高可降低 90.41%。这是因为运营商之间的单轮信息共享可以提供有关 FCS 和时段电价差异的有价值信息,尽管这些信息可能并不准确。这些信息有助于指导 ERN 运营商最小化行驶时间成本和

充电成本。在完全集成的集中式决策环境下,实际充电成本和电力成本可分别降低 92.81% 和 21.87%。此外,图5.3显示充电价格较低的 FCS 通常会被分配更多的充电需求,并且在集中式决策环境下这种现象比在信息共享决策环境下更为明显。然而,也有一些例外情况,例如,虽然 FCS #68 的电价并不是最便宜的,但它仍然吸收了大部分的充电需求。这是因为 EV 驾驶员在考虑是否选择价格较低的 FCS 时,会权衡节省的充电成本与绕行至该 FCS 所产生的额外时间成本。只有当充电价格足够便宜时,电动车才会绕行至这个特定的 FCS。

表 5.1 不同决策环境下主要结果的总结

| 决策环境 | 成本/美元 | | | | 电力购买量与发电容量/MWh | | |
|---|---|---|---|---|---|---|---|
| | 实际充电成本 | 实际交通成本 | 电力成本 | 实际总成本 | 电力购买量 | 常规 DG 的发电容量 | 可再生 DG 的发电容量(可再生 DG 的发电量占总电量的百分比) |
| 分散式 | 2 556.78 | 11 770.78 | 3 924.15 | 15 694.93 | 0.460 | 25 71 | 227.99(89.70%) |
| 集中式 | 183.74 | 9 821.34 | 3 065.80 | 12 887.15 | 0.078 | 20 35 | 232.96(91.94%) |
| 信息共享 | 245.21 | 9 463.21 | 3 924.15 | 13 387.36 | 0.460 | 25 71 | 228.01(89.71%) |

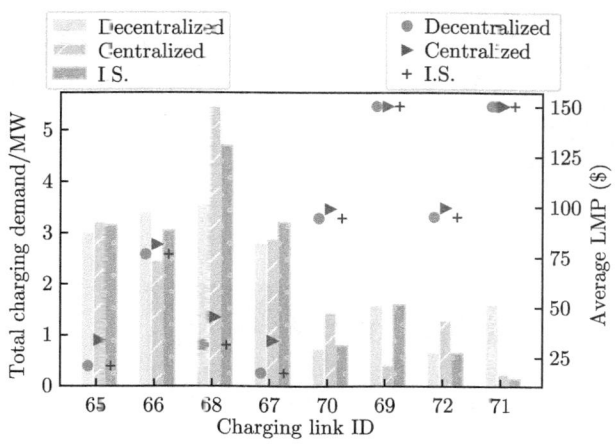

图 5.3 FCS 中总充电需求和平均 LMP

表5.1显示,集中式决策环境下可再生能源的采用率最高。这一点主要有两个原因。第一个原因是部分充电需求从传统 FCS 转移到可再生 FCS,如表5.2所示。当决策环境从分散式转变为集中式时,可再生 FCS 的充电需求从 41.47% 增加到 50.80%。更具体地说,在决策环境为集中式或信息共享的情况下,除了 FCS #68

外，其余 3 个传统 FCS（#66、#69 和 #71）的充电需求会在不同程度上转移到可再生 FCS（#65、#67、#70 和 #72）上，如图5.3所示。第二个原因是在集中式决策环境下，系统操作员可以合理地分配电动汽车的充电时间和地点，从而缓解高峰时段 FCS 的充电拥堵，并使电力需求曲线变得更加平稳。需要注意的是，可再生 DG 的发电容量在每个时段内是有限的。因此，在高峰时段，昂贵的常规能源可以被廉价的可再生能源替代。这可以通过图5.4和图5.5来验证。例如，在图5.4中

表 5.2  可再生和常规 FCS 中的总充电需求（单位为 MWh）

| 决策环境 | 可再生 FCS (%) | 传统 FCS | 总计 |
| --- | --- | --- | --- |
| 分散式 | 7.175 (41.47%) | 10.125 | 17.300 |
| 集中式 | 8.850 (50.80%) | 8.570 | 17.42 |
| 信息共享 | 7.800 (45.09%) | 9.500 | 17.30 |

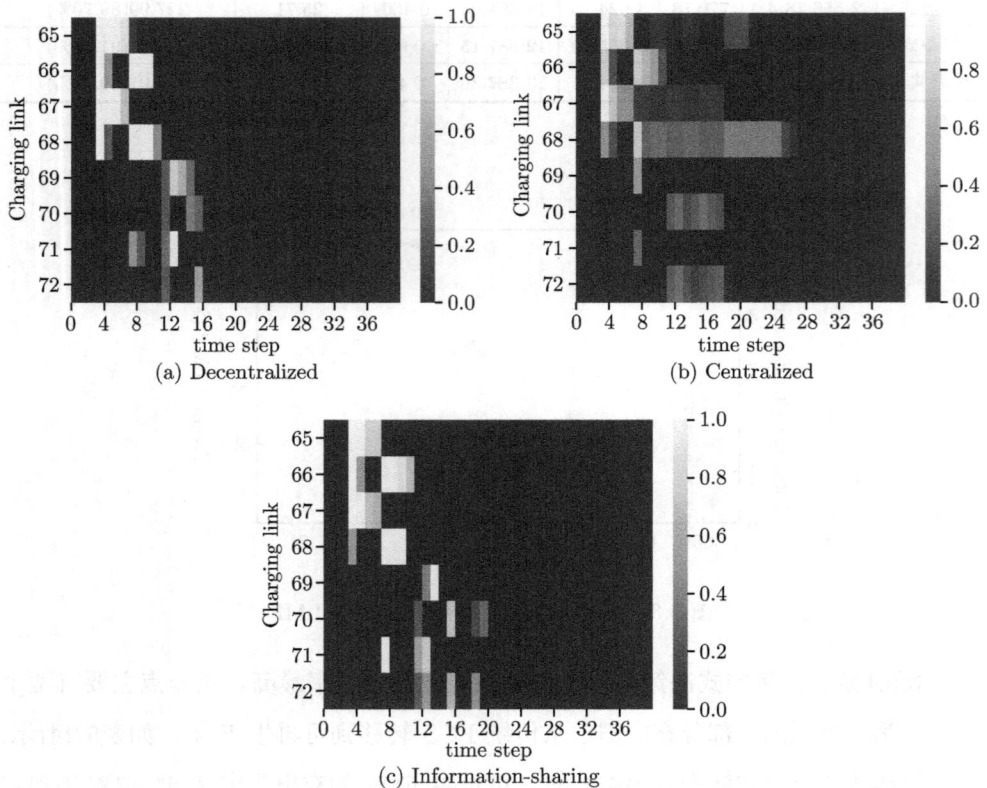

图 5.4  不同决策环境下的 FCS 拥堵水平

当两个系统共同运行时，充电链接 65、67 和 68 的拥堵得到了显著缓解。因此，从第 3 个到第 9 个时间步的总电力需求被压缩到第 13 个到第 26 个时间步，如图 5.5 所示。总体来说，系统操作员在时间和空间方面优化了充电需求，以促进可再生能源的整合，从而实现了总成本的最小化。

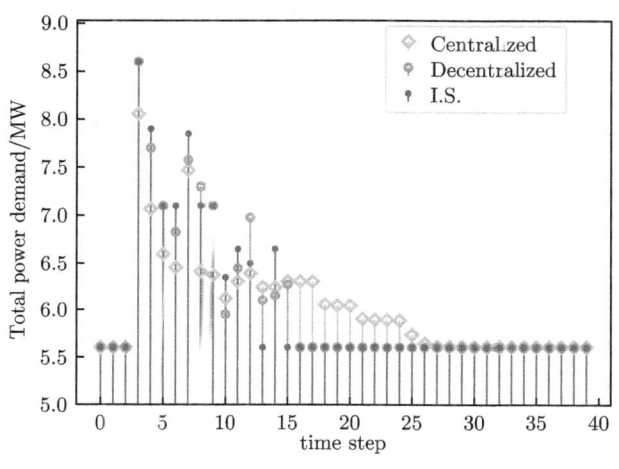

图 5.5　PDN 中总电力需求的时间分布

## 5.4　结　　论

本章提出了一种交通-电力系统模型，用以研究当 ERN 和 PDN 独立运行、联合运行以及共享信息时的运营解决方案的差异。该模型考虑了来自 ERN 和 PDN 的约束条件，例如道路容量、交通流量容量和发电机的坡道限制。PDN 操作员的目标是最小化由发电成本和主电网购买成本组成的电力成本。本章通过包含可再生能源和常规发电机的数值实例说明了所提出的模型；通过比较不同的决策环境，研究了相应的运营情况和社会效益。从结果中可以看到，在分散式决策环境下，由于 ERN 操作员无法获得 FCS 和各时段电价差异的信息，因此充电成本最高。即使仅限于共享信息或 ERN 与 PDN 联合运行，充电成本也能显著降低。在集中式决策环境下，可再生能源应用的增加和电力需求曲线的平缓化有助于降低充电成本、电力成本和 FCS 中的拥堵水平。FCS 之间的电价差异和绕行时间对充电需求的分布产生了影响。

# 第 6 章

# 交通-电力系统的最优灾后重构

随着电网支持的 EV 渗透率的增加，RN 和 PN 在正常运行中的相互依赖性日益增强。因此，近年来已有少数研究开始探讨在干扰事件发生时，高度耦合的交通-电力系统的脆弱性。然而实际上，只有少数研究考虑了在破坏性事件恢复过程中，EV 对耦合交通-电力系统的影响。为填补这一空白，本章探讨了独立 RN、PN 以及耦合交通-电力系统的恢复规划。本章建立了一个混合整数规划模型，用以计算干扰后的交通-电力系统恢复的最优重构和运行方案。该模型的目标是最小化由系统性能损失所产生的总成本，该损失通过 RN 未满足的交通需求累积量和 PN 削减负荷的成本来量化。为了优化系统韧性，本章考虑了包括 RN 中链路反向和 PN 中线路关闭在内的几种重新配置策略。本章提出的模型通过求解系统最优动态交通分配与最优潮流的综合问题，得到了最优的交通-电力流。RN 与 PN 通过 EV 的协调分配时空充电需求实现耦合。为了说明所提出模型的应用，本章采用美国北卡罗来纳州（North Carolina，NC）的一部分高速公路网络和修改后的 IEEE 14-bus 系统来进行研究。该模型的数值结果展示了协调规划交通-电力系统恢复所带来的附加价值，以及不同 EV 渗透率对系统的影响。

本章的结构安排如下：6.1 节提出了独立 RN 和 PN 以及耦合交通-电力系统中的重新配置问题；6.2 节通过案例研究展示了所提模型的应用，并比较了不同的响应资源水平、EV 渗透率和决策环境下的解决方案；6.3 节给出了结论。

## 6.1 基础设施模型与重新配置问题构建

本节将提出独立 RN、独立 PN 以及耦合交通电力网络的重新配置模型。

## 6.1.1 ERN 重构

为了减轻干扰后的影响,考虑通过逆流策略重新配置高速公路网络的拓扑结构。逆流可以通过改变高速公路网络车道的行驶方向来轻松实现。图6.1展示了逆流如何在干扰后帮助提高网络的通行能力。假设每分钟有 20 辆车从节点 O 出发前往节点 D,每分钟有 10 辆车从节点 D 出发前往节点 O。每条链路上的数字表示在自由流速下通过该链路所需的时间。图6.1(a) 显示,当每条链路正常运行时,6 分钟后节点 O 和节点 D 分别到达 30 辆车和 60 辆车。如果从节点 O 到 D 的链路发生故障,则节点 D 的到达量减少至 40 辆车,如图6.1(b) 所示。然而,如果将链路 $a_1$ 的方向反转,干扰后的到达总量可以从 70 辆车增加到 80 辆车,如图6.1(c) 所示。该示例表明,在干扰后重新配置高速公路网络可以有效减少系统性能损失。另一个例子可以参考文献 [67],该文献展示了逆流策略如何提高网络的出站容量并缓解拥堵。

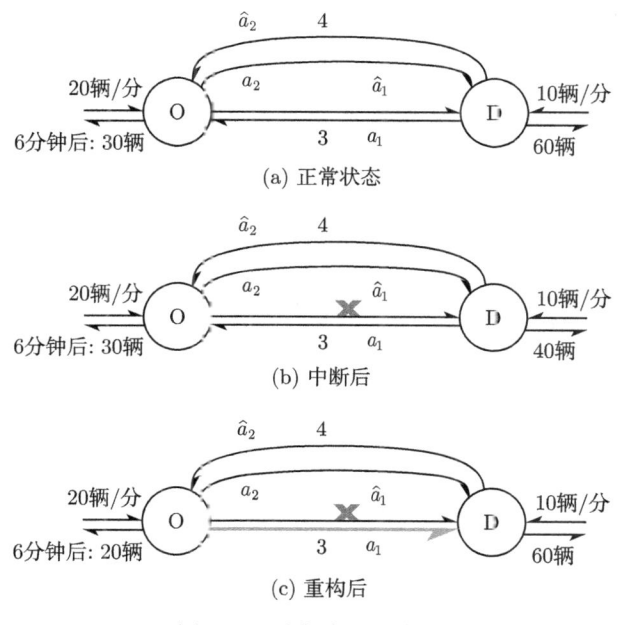

图 6.1 反向流量示意图

为了对逆流策略建模,我们设置高速公路网络中的每条链路只有一个唯一的对应反向链路。例如,在图6.1中,从节点 O 到 D 有两条链路 $a_1$ 和 $a_2$,它们的对应反向链路分别是 $\hat{a}_1$ 和 $\hat{a}_2$。相应地，链路 $a_1$ 和 $a_2$ 分别是链路 $\hat{a}_1$ 和 $\hat{a}_2$ 的反向链路。从数学角度来看，我们用变量 $h_a$ 表示链路 $a$ 是否反向。$\hat{a}$ 表示链路 $a$ 的唯一反向链路。如果链路的方向被反转，该链路的流出容量、流入容量以及该方向上能容纳的最大车辆数将重新配置。因此，2.3 节中的方程 (2.50)~(2.52) 将重新表述如下：

$$\sum_{s\in\mathcal{N}_S}[VG_a^s(t)-VG_a^s(t-1)]+\sum_{s\in\mathcal{N}_S}\sum_{c\in\mathcal{C}}\sum_{e\in\mathcal{E}_c}[VE_{a,c}^{s,e}(t)-VE_{a,c}^{s,e}(t-1)]$$
$$\leqslant (1-h_a)\cdot f_a^O(t)+h_{\hat{a}}\cdot f_{\hat{a}}^O(t), \forall a\in\mathcal{A}\backslash\{\mathcal{A}_C\}, \forall t \tag{6.1}$$

$$\sum_{s\in\mathcal{N}_S}[UG_a^s(t)-UG_a^s(t-1)]+\sum_{s\in\mathcal{N}_S}\sum_{c\in\mathcal{C}}\sum_{e\in\mathcal{E}_c}[UE_a^s(t)-UE_a^s(t-1)]$$
$$\leqslant (1-h_a)\cdot f_a^I(t)+h_{\hat{a}}\cdot f_{\hat{a}}^I(t), \forall a\in\mathcal{A}\backslash\{\mathcal{A}_C\}, \forall t \tag{6.2}$$

$$\sum_{s\in\mathcal{N}_S}\sum_{c\in\mathcal{C}}\sum_{e\in\mathcal{E}_c}[UE_{a,c}^{s,e}(t)-VE_{a,c}^{s,e}(t-\beta_a)]+\sum_{s\in\mathcal{N}_S}[UG_a^s(t)-VG_a^s(t-\beta_a)]$$
$$\leqslant (1-h_a)L_a k_{\text{jam}}+h_{\hat{a}}L_{\hat{a}}k_{\text{jam}}, \forall a\in\mathcal{A}\backslash\{\mathcal{A}_C\}, \forall t \tag{6.3}$$

约束 (6.1) 表示链路 $a$ 的车辆流出量受到链路 $a$ 和 $\hat{a}$ 状态的约束。如果 $h_a=0$ 且 $h_{\hat{a}}=0$，则没有链路反向，链路 $a$ 原始方向的流出容量保持不变；如果 $h_a=1$ 且 $h_{\hat{a}}=1$，则两条链路均被反向，流出容量被修改为链路 $\hat{a}$ 的流出容量；如果 $h_a=1$ 且 $h_{\hat{a}}=0$，则链路 $a$ 的方向反转，流出容量变为 0；如果 $h_a=0$ 且 $h_{\hat{a}}=1$，则反向链路 $\hat{a}$ 的方向反转，流出容量增加为链路 $a$ 和 $\hat{a}$ 的流出容量之和。同样，我们通过约束 (6.2) 和 (6.3) 来限制重新配置后链路 $a$ 原始方向的流入和最大容纳量：

$$h_a, h_{\hat{a}}\in\{0,1\}, \forall a, \hat{a}\in\mathcal{A}\backslash\{\mathcal{A}_C\} \tag{6.4}$$

$$\sum_{a\in\mathcal{A}\backslash\{\mathcal{A}_C\}} h_a \leqslant N_h \tag{6.5}$$

约束 (6.4) 保证了 $h_a$ 和 $h_{\hat{a}}$ 是二进制变量。约束 (6.5) 限制了可以反向的链路总数。该约束反映了在应急响应中可用资源的有限性。

具有逆流行驶选项的 ERN 应急响应问题表述如下：

$$\min \sum_{s \in \mathcal{N}_S} \sum_{t \in \mathcal{T}} \sum_{a \in \mathcal{A}_S} [DG_a^s(t) - UG_a^s(t) + \sum_{c \in \mathcal{C}} \sum_{e \in \mathcal{E}_c} (DE_{a,c}^{s,e}(t) - UE_{a,c}^{s,e}(t))] \cdot \phi \quad (6.6)$$

s.t.:

公式(2.41)~公式(2.46),公式(2.49),公式(2.53)~公式(2.62),公式(6.1)~公式(6.5)
$$\quad (6.7)$$

其中,$\phi$ 表示时间值。交通运营商的目标是最小化系统性能损失成本,该成本通过干扰后在一定时间内未满足的交通需求来衡量。具体来说,它是通过目标需求〔即 $DG_a^s(t)$ 和 $DE_{a,c}^{s,e}(t)$〕与到达目的地的车辆数量〔即 $UG_a^s(t)$ 和 $UE_{a,c}^{s,e}(t)$,$a \in \mathcal{N}_S$〕之间的累积差值来计算的。在约束 (6.6) 中,第一项是未满足的 GV 出行需求的累积值,第二项是未满足的 EV 出行需求的累积值。

### 6.1.2 PN 重构

我们考虑一个 PN,其表示为 $\mathcal{G}_P(\mathcal{P}_N, \mathcal{P}_L)$,其中 $\mathcal{P}_N$ 和 $\mathcal{P}_L$ 分别表示母线和支路的集合。$\widetilde{\mathcal{P}_L}$ 表示干扰后损坏的传输线集合,$\widetilde{\mathcal{P}_L} \subset \mathcal{P}_L$。$\Gamma^-(j)$ 和 $\Gamma^+(j)$ 分别表示母线 $j$ 的前驱和后继集合。

干扰发生后,独立系统运营商的目标是最小化负荷需求未满足带来的成本,其数学表示如下:

$$\min \sum_j \sum_t c_j^b \cdot LS_{j,t}^b + c_j^{dc} \cdot LS_{j,t}^{dc} \cdot p_j^{dc}(t) \quad (6.8)$$

其中,$c_j^b$ 和 $c_j^{dc}$ 分别是基础负荷未满足和 EV 充电负荷未满足带来的成本;$LS_{j,t}^b$ 是一个连续变量,表示在时段 $t$ 内,母线 $j$ 处未满足的基础负荷需求量;$LS_{j,t}^{dc}$ 是一个二进制变量,表示在时段 $t$ 内,母线 $j$ 处的充电需求 $p_j^{dc}(t)$ 是否满足。

PN 中的电力潮流受到以下约束:

$$p_{j,t}^g + \sum_{i \in \Gamma^-(j)} P_{i,j,t} - \sum_{k \in \Gamma^+(j)} P_{j,k,t} = p_{j,t}^b - LS_{j,t}^b + (1 - LS_{j,t}^{dc}) \cdot p_j^{dc}(t), \forall j \in \mathcal{P}_N, \forall t \quad (6.9)$$

$$-\bar{P}_{i,j} \cdot u_{i,j} \leqslant P_{i,j,t} \leqslant \bar{P}_{i,j} \cdot u_{i,j}, \forall (i,j) \in \mathcal{P}_L \setminus \{\widetilde{\mathcal{P}_L}\}, \forall t \quad (6.10)$$

$$P_{i,j,t} = 0, \forall (i,j) \in \{\widetilde{\mathcal{P}_L}\}, \forall t \quad (6.11)$$

$$B_{i,j} \cdot (\theta_{i,t} - \theta_{j,t}) - P_{i,j,t} + (1 - u_{i,j}) \cdot M_{i,j} \geqslant 0, \forall (i,j) \in \mathcal{P}_L \setminus \{\widetilde{\mathcal{P}_L}\}, \forall t \quad (6.12)$$

$$B_{i,j} \cdot (\theta_{i,t} - \theta_{j,t}) - P_{i,j,t} - (1 - u_{i,j}) \cdot M_{i,j} \leqslant 0, \forall (i,j) \in \mathcal{P}_L \setminus \{\widetilde{\mathcal{P}_L}\}, \forall t \quad (6.13)$$

$$-p_j^{\text{ramp}} \leqslant p_{j,t}^{\text{g}} - p_{j,t-1}^{\text{g}} \leqslant p_j^{\text{ramp}}, \forall j \in \mathcal{P}_{\text{N}}, \forall t \in \mathcal{T} \tag{6.14}$$

$$0 \leqslant LS_{j,t}^{\text{b}} \leqslant p_{j,t}^{\text{b}}, \forall j \in \mathcal{P}_{\text{N}}, \forall t \tag{6.15}$$

$$0 \leqslant P_{j,t}^{\text{g}} \leqslant \bar{p}_j^{\text{g}}, \forall j \in \mathcal{P}_{\text{N}}, \forall t \tag{6.16}$$

$$\sum_{(i,j) \in \mathcal{P}_{\text{L}}} (1 - u_{i,j}) \leqslant N_u \tag{6.17}$$

$$u_{i,j} \in \{0, 1\}, \forall (i,j) \in \mathcal{P}_{\text{L}} \tag{6.18}$$

$$LS_{j,t}^{\text{dc}} \in \{0, 1\}, \forall j \in \mathcal{P}_{\text{N}}, \forall t \tag{6.19}$$

约束 (6.9) 通过允许减少未满足需求来放宽每个母线的潮流平衡约束。约束 (6.10) 保证了在传输线正常运行的情况下，潮流不超过其容量。约束 (6.11) 强制规定损坏的传输线上的潮流为 0。约束 (6.12)～约束 (6.13) 表示基尔霍夫潮流方程，其中潮流受到线路的导纳和两端母线之间相位角差的限制。如果约束直接写成 $B_{i,j} \cdot (\theta_{i,t} - \theta_{j,t}) = P_{i,j,t} \cdot (1 - u_{i,j})$，那么当线路状态未切换并且处于运行状态（即 $u_{i,j} = 1$）时，该方程可以正常工作；然而，当线路被关闭（即 $u_{i,j} = 0$）时，该线路两端母线之间的相位角会被强制为 0，这对于在网络中的潮流来说是不合逻辑的，所以我们在模型中加入了 $M$。约束 (6.14) 限制了两个连续时段之间发电机的功率调节幅度。约束 (6.15) 给出了每个母线可以削减的基荷量的上、下界限。约束 (6.16) 确保发电机产生的潮流在其容量范围内。约束 (6.17) 限制了可切换的线路数量。约束 (6.18)～约束 (6.19) 限制了 $u_{i,j}$ 和 $LS_{j,t}^{\text{dc}}$ 为二进制决策变量。

### 6.1.3 耦合交通-电力网络重构

在本节中，我们假设存在一个决策代理（例如紧急响应管理机构），该代理以集中式方式整体操作并重新配置交通-电力网络来最小化两个系统的总性能损失。

在这种情况下，每个母线的 EV 充电负荷 $p_j^{\text{dc}}(t)$ 是一个决策变量，可以通过以下等式计算：

$$p_j^{\text{dc}}(t) = \sum_{a \in M(j)} \sum_{s \in \mathcal{N}_{\text{S}}} \sum_{c \in \mathcal{C}} \sum_{e \in \mathcal{E}_c} p_a^{\text{ev}}[UE_{a,c}^{s,e}(t) - VE_{a,c}^{s,e}(t)], \forall j \in \mathcal{P}_{\text{N}}, \forall t \tag{6.20}$$

其中 $M(j)$ 是从母线集 $\mathcal{P}_{\text{N}}$ 到充电线路集 $\mathcal{A}_{\text{C}}$ 的映射，指定了 PN 中的母线与 RN 中的充电链路之间的连接关系。

由于交通-电力系统是集成操作的，EV 的充电位置和时间可以灵活安排，从而最小化目标函数，因此模型不再需要变量 $LS_{j,t}^{\mathrm{dc}}$ 来控制是否削减 EV 充电负荷。约束 (6.9) 被重写为：

$$p_{j,t}^{\mathrm{g}} + \sum_{i \in \Gamma^-(j)} P_{i,j,t} - \sum_{k \in \Gamma^+(j)} P_{j,k,t} = p_{j,t}^{\mathrm{b}} - LS_{j,t}^{\mathrm{b}} + p_{j,t}^{\mathrm{dc}}, \forall j \in \mathcal{P}_{\mathrm{N}}, \forall t \quad (6.21)$$

整个问题的数学模型如下：

$$\min \sum_{s \in \mathcal{N}_{\mathrm{S}}} \sum_{t \in \mathcal{T}} \sum_{a \in \mathcal{A}_{\mathrm{S}}} [DG_a^s(t) - UG_a^s(t) + \\ \sum_{c \in \mathcal{C}} \sum_{e \in \mathcal{E}_c} (DE_{a,c}^{s,e}(t) - UE_{a,c}^{s,e}(t))] \cdot \phi + \sum_{t \in \mathcal{T}} z_j^{\mathrm{b}} \cdot LS_{j,t}^{\mathrm{b}} \quad (6.22)$$

s.t.：

$$\text{公式 (2.41)} \sim \text{公式(2.46), 公式 (2.49), 公式 (2.53)} \sim \text{公式(2.62), 公式 (6.1)} \sim \\ \text{公式(6.5), 公式 (6.10)} \sim \text{公式 (6.18), 公式 (6.20)} \sim \text{公式(6.21)} \quad (6.23)$$

在每个时间段，系统中有预期需求 $E(t)$ 和未满足需求 $\Delta E(t)$。以下计算公式用于计算得到系统性能 $P(t)$[162]：

$$P(t) = \frac{E(t) - \Delta E(t)}{E(t)} \quad (6.24)$$

其中 $0 \leqslant \Delta E \leqslant E$。该计算公式可以理解为在时间段 $t$ 内系统中能够满足的需求百分比。

在研究的交通-电力系统中，预期需求包括所有 O-D 对中的各类车辆交通需求和所有母线的基础负荷电力需求，具体表示为：

$$E(t) = \sum_{s \in \mathcal{N}_{\mathrm{S}}} \sum_{a \in \mathcal{A}_{\mathrm{S}}} [DG_a^s(t) + \sum_{c \in \mathcal{C}} \sum_{e \in \mathcal{E}_c} DE_{a,c}^{s,e}(t)] \cdot \phi + \sum_{j \in \mathcal{P}_{\mathrm{N}}} c_j^{\mathrm{b}} \cdot p_{j,t}^{\mathrm{b}} \quad (6.25)$$

其中，模型使用了时间价值 $\phi$ 和削减负荷成本 $c_j^{\mathrm{b}}$ 来确保 PN 和 RN 的系统性能具有相同的物理维度，并且允许加法运算。

将公式 (6.22)（不对时间求和）和公式 (6.25) 代入公式 (6.24)，公式 (6.24) 重写如下：

$$P(t) = \frac{\sum_{s \in \mathcal{N}_S} \sum_{a \in \mathcal{A}_S} [UG_{a}^{s}(t) + \sum_{c \in \mathcal{C}} \sum_{e \in \mathcal{E}_c} UE_{a,c}^{s,e}(t)] \cdot \phi + \sum_{j \in \mathcal{P}_N} [p_{j,t}^{b} - LS_{j,t}^{b}] \cdot c_{j}^{b}}{\sum_{s \in \mathcal{N}_S} \sum_{a \in \mathcal{A}_S} [DG_{a}^{s}(t) + \sum_{c \in \mathcal{C}} \sum_{e \in \mathcal{E}_c} DE_{a,c}^{s,e}(t)] \cdot \phi + \sum_{j \in \mathcal{P}_N} c_{j}^{b} \cdot p_{j,t}^{b}} \quad (6.26)$$

所提出的独立 RN 的应急响应问题〔公式 (6.6) ∼ 公式 (6.7)〕、独立 PN 的应急响应问题〔公式 (6.8) ∼ 公式 (6.19)〕以及耦合交通-电力网络的应急响应问题〔公式 (6.22) ∼ 公式 (6.23)〕均为混合整数线性规划问题。这类问题可以通过商业求解器，如 Cplex 和 Gurobi，进行高效求解。

## 6.2 案 例 研 究

本章采用修改版的 IEEE 14-bus 系统作为 PN。原始的 IEEE 14-bus 测试案例是美国中西部电力系统的一部分[163]。该系统包含 14 个节点和 20 条传输线路，详细数据可以参见文献 [63]。RN 为 NC 中的部分高速公路网络，如图6.2所示。图6.2(a) 展示了该区域内 EV 充电站的位置，高速公路网络的地理数据来自 Google 地图。该部分高速公路网络被抽象近似为图6.2(b) 所示的拓扑网络。沿链接的编号表示该链接的 ID。研究中的高速公路网络中有 9 个快速充电站，它们与服务的节点连接，连接情况被列在表6.1中。本章所用数据的详细内容见附录C。

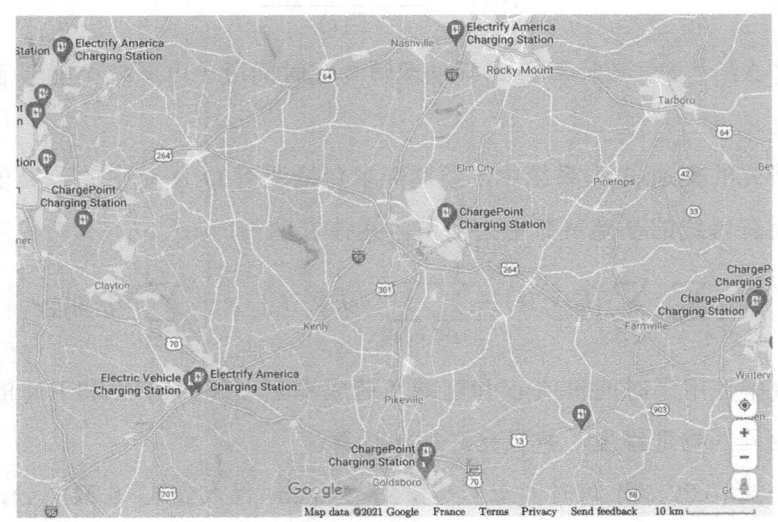

(a) NC中的部分高速公路网络

# 第 6 章 交通-电力系统的最优灾后重构

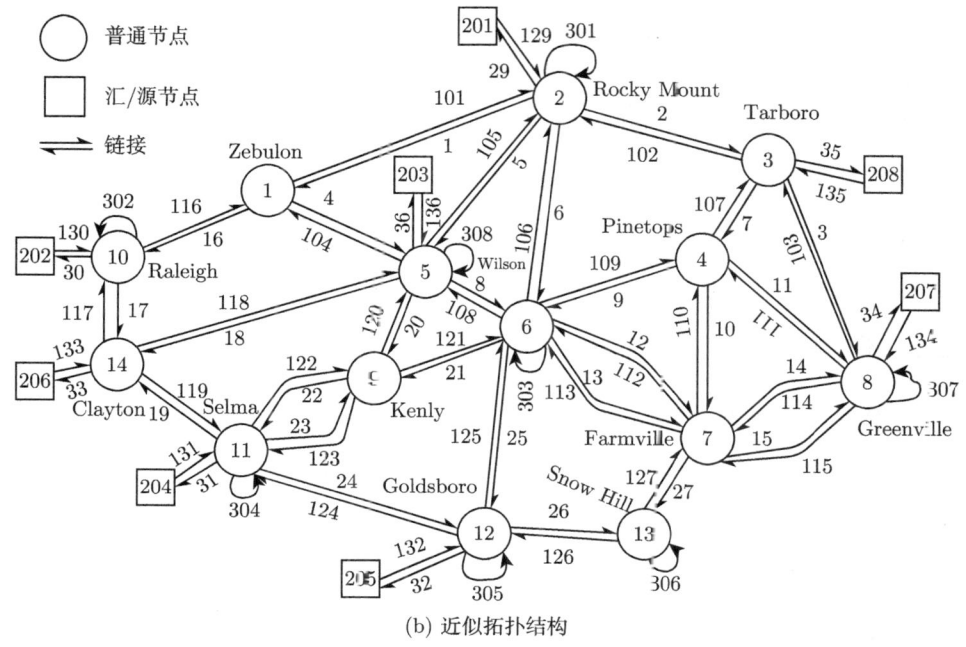

(b) 近似拓扑结构

图 6.2　所研究的高速公路网络

表 6.1　充电链路与电力系统母线之间的连接

| 充电链路 | 母线 | $NC_a(t)$ |
| --- | --- | --- |
| 301 | 2 | 30 |
| 302 | 3 | 45 |
| 303 | 4 | 30 |
| 304 | 5 | 30 |
| 305 | 6 | 30 |
| 306 | 7 | 15 |
| 307 | 8 | 30 |
| 308 | 9 | 15 |

本章通过分析以下假设的情景来说明所提出的模型：报告称高速公路网络中的链接 4、17、19 和 PN 中的线路 2-3、2-4、7-8 被破坏，无法正常提供服务。选择该情景是因为在随机生成的情景中，当 RN 中的损坏链接数和 PN 中的损坏线路数为 3 时，交通-电力系统的性能损失最大。实际上，破坏情景是本章所提出模型的输入数据。它们可以在突发事件发生后通过各种方式（例如无人机

和在线监控系统）进行检测。收集到系统状态后，本章所提出的模型可以帮助应急响应部门重新配置和运行交通和电力系统，从而最小化由破坏干扰引起的性能损失。本章研究了高峰时段（即 17:00—18:59），以此考虑最坏的情况。

所有数值实验均在一台配备 Intel Core i7-8700 3.2 GHz CPU 和 32 GB 内存的计算机上运行。所有问题均通过商业软件 IBM ILOG CPLEX（版本 20.1.0.0）求解。

### 6.2.1 不同响应资源水平的影响

本节研究了 6 种不同的资源水平：$N_h = N_u = 0, 1, 2, 3, 4, 5$。

图 6.3 显示了在不同资源水平下，系统性能在考虑的时间范围内的演变情况。时间步长 = 0 是重新配置实施的时间点。性能水平表示已满足总需求占预期需求的百分比。从图中可以看出，在不同资源水平下，系统的性能水平是不同的。实际上，系统性能随着资源水平的增加而提高是符合预测的。但需要注意的是，当 PN 的拓扑结构重新配置时，效果（即削减的负荷）几乎立即显现。相反，由于车辆从起点到目的地的行程需要一定时间，故高速公路网络的重新配置效果会延迟显现。

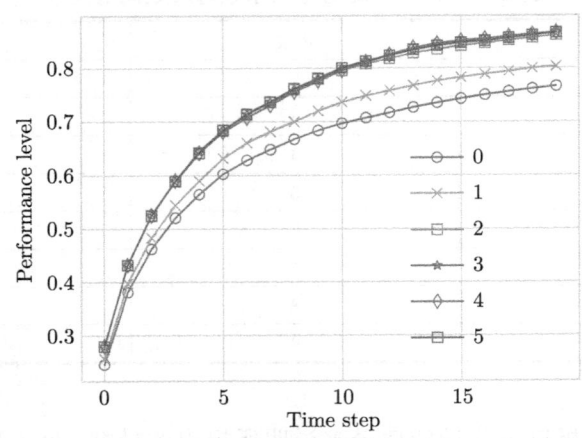

图 6.3 不同资源水平下恢复期间系统性能的演变

如果响应资源水平从 0 增加到 2，那么系统性能从 76.58% 大幅提高到 86.26%。之后，随着反向链接和线路切换数量的增加，额外应急响应资源的边际经济效益减少。这一点也可以在图 6.4 中看到。当资源水平为 2 时，RN 和 PN

的名义成本大幅降低。这也显示了在恢复期间重新配置网络拓扑的有效性。

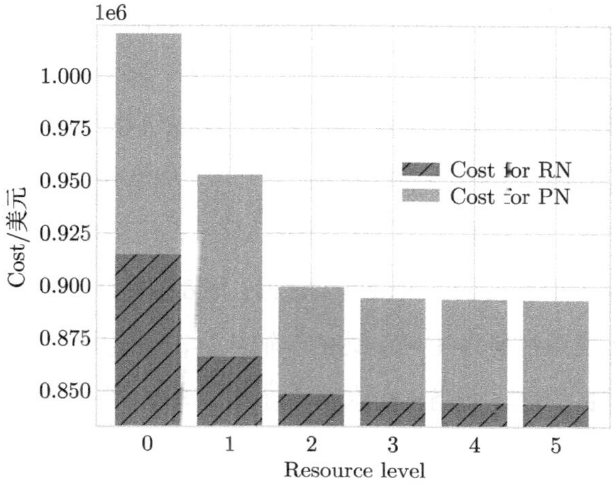

图 6.4 不同资源水平下交通-电力系统的名义成本

表6.2显示了 RN 中链路和 PN 中线路的重新配置解决方案。第四列到第五列表示在研究时段末到达目的地的 GV 和 EV 的数量。最后一列表示在研究期间的总充电需求。表6.2中的第三列显示，对于低资源水平的情境，最优的切换线路集不一定是高资源水平情境中切换线路集的子集。例如，当资源水平为 1 时，线路 4-7 被切换掉，而当资源水平增加到 2 时，线路 4-9 和 7-9 被切换掉。

表 6.2 不同资源水平下的解决方案

| 资源水平 | $h_a=1$ | $u_{i,j}=0$ | 车辆 | 燃油车 | 电动车 | 总充电需求/MW |
|---|---|---|---|---|---|---|
| 0 | | | 19 091.0 | 17 336 | 1 755.0 | 182.80 |
| 1 | 117 | 4-7 | 22 142.0 | 20 322 | 1 820.0 | 148.80 |
| 2 | 104,117 | 4-9,7-9 | 21 573.0 | 19 512 | 2 061.0 | 165.68 |
| 3 | 5,104,117 | 4-7,4-9,6-13 | 21 987.0 | 19 656 | 2 331.0 | 207.68 |
| 4 | 5,26,114,117 | 4-7,4-9,1-2,9-14 | 22 005.0 | 19 669 | 2 336.0 | 222.88 |
| 5 | 5,25,26,114,117 | 4-7,4-9,1-2,6-12,13-14 | 21 999.5 | 19 656 | 2 343.5 | 201.28 |

然而，在 RN 中，某些在低资源水平情境下的解，仍存在于高资源水平情境的解中，如道路 117。出现这种情况的原因与交通需求分布有关，具体原因有两个：①所使用的引力模型生成了两个城市之间的高交通需求，尤其是当这两个城市的距离较短且人口数量较多时，这可能导致某些双向路段的交通量很大；②为了模拟交通量的方

向性差异,两个城市之间的交通需求方向是随机选择的。这可能使得双向高流量变为某些路段的单一方向高流量。因此,一旦交通量大的路段(例如链路 17 和 19)被损坏,它们总是优先响应恢复,从而最小化系统损失。此外,当两个相反方向的路段之间的流量差异较大时,逆转流量较小的路段(例如链路 5 和 26),可以大大提高链路的容量。从这个角度来看,系统性能损失的名义成本较低且资源水平较高并不意味着更多的车辆能够到达目的地。例如,图6.4显示,资源水平为 2 时损失的名义成本低于资源水平为 1 时损失的名义成本。然而,表6.2显示,资源水平为 2 时到达的车辆数量仍然少于资源水平为 1 时到达的车辆数量。这是因为,当资源水平为 2 时,车辆较早地到达了目的地,而当资源水平为 1 时,车辆到达的时间较晚。换句话说,RN 中到达数量和旅行时间之间存在平衡关系。

### 6.2.2 不同 EV 渗透率和决策环境下的解决方案

在不失一般性的情况下,将 PN 中可切换的最大线路数量和 RN 中可反向的最大链路数量都设置为 3(即 $N_u = 3$ 和 $N_h = 3$)。当 RN 和 PN 独立优化其恢复计划时,我们假设 RN 操作员在恢复周期开始时将其时间和空间充电需求与 PN 操作员共享,并且之后不再更改他们的计划。这种情况可以视为从 PN 操作员的角度来看,充电需求不能管理的场景。在这种情况下,PN 操作员必须满足所有 EV 充电需求,并且在优化恢复计划时仅能削减基础电力负荷。

图 6.5 显示了在不同电动汽车渗透率下,交通-电力系统在恢复周期中的性能演变情况。表 6.3 显示了在不同电动汽车渗透率和决策环境下,线路切换和链路反向在减少系统性能损失方面的收益。如图 6.5 所示,随着电动汽车渗透率的增加,交通-电力系统的性能下降。当电动汽车渗透率从 0% 增加到 100% 时,交通-电力系统的名义总成本从 773 300 美元增加到 1 133 009 美元,成本增加了 46.7%。与传统燃油车加油相比,电动汽车所需的额外充电时间以及充电桩数量有限是导致这一结果的主要原因。当电动汽车渗透率等于或低于 50% 时,交通-电力系统以及独立优化的 RN 重新配置方案都将保持稳定。在这种情况下,道路网络中的链路 5、104 和 117 被反向配置。当电力网络的恢复计划协调优化时,线路 4-7、4-9 和 6-13 将一直关闭。当 RN 中没有电动汽车时,无论 RN 和 PN 是耦合还是独立恢复,其名义总

系统性能成本都相同。当 RN 中电动汽车的比例增加时，RN 和 PN 耦合恢复计划的名义成本比独立恢复计划的名义成本低。这证明了协调操作两个网络的附加价值。表 6.3 的最后一列报告了协调管理的电动汽车充电需求与独立管理的充电需求之间的差异。在耦合决策环境中，充电需求始终小于独立管理下的充电需求。这导致了在独立决策下，与 PN 相比，RN 的名义损失成本较高，而电力网络的成本较低，但两个网络的总成本较低。这表明，在所研究的案例中，充电需求的协调调度带来了对两个网络之间性能损失的平衡思考。

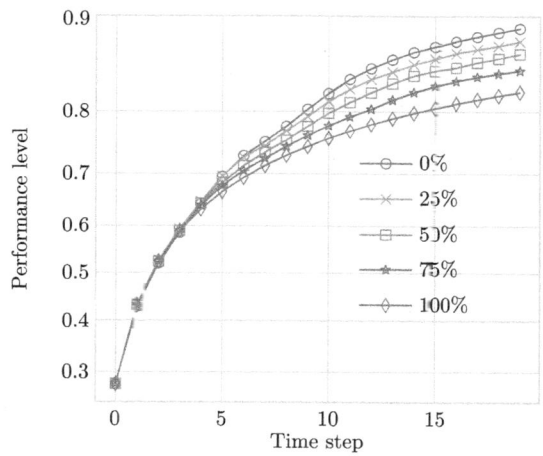

图 6.5　不同 EV 渗透率下恢复期间系统性能的演变

表 6.3　不同 EV 渗透率和决策环境下的解决方案

| EV 渗透率 | 决策环境 | $h_a = 1$ | $u_{i,j} = 0$ | 总计成本/美元 | RN 成本/美元 | PN 成本/美元 | GV 和 EV | GV | EV | 充电需求/MW |
|---|---|---|---|---|---|---|---|---|---|---|
| 0% | 耦合 | 5,104,117 | 4-7,4-9,6-13 | 773 300.00 | 729 300.00 | 44 000.0 | 30 540.0 | 30 540 | 0.0 | 0.00 |
| 0% | 独立 | -* | 4-9,7-9,13-14 | 773 300.00 | 729 300.00 | 44 000 | 22 142.0 | 30 540 | 0.0 | 0.00 |
| 25% | 耦合 | 5,104,117 | 4-7,4-9,6-13 | 821 260.15 | 775 340.15 | 45 920 | 26 933.5 | 25 346 | 1 587.5 | 166.40 |
| 25% | 独立 | - | 4-7,4-9,9-14 | 824 392.15 | 770 192.15 | 54 200 | 21 987.0 | 19 656 | 2 331.0 | 255.20 |
| 50% | 耦合 | 5,104,117 | 4-7,4-9,6-13 | 894 274.20 | 845 226.20 | 49 048 | 21 987.0 | 19 656 | 2 331.0 | 207.68 |
| 50% | 独立 | - | 4-7,4-9,13-14 | 897 389.50 | 843 069.50 | 54 320 | 21 999.5 | 19 656 | 2 343.5 | 294.00 |
| 75% | 耦合 | 11,109,117 | 4-7,4-9,6-13 | 994 669.50 | 945 509.50 | 49 160 | 13 980.0 | 11 325 | 2 655.0 | 218.40 |
| 75% | 独立 | - | 4-7,4-9,13-14 | 998 262.00 | 943 462.00 | 54 300 | 14 430.0 | 10 437 | 3 105.0 | 318.00 |
| 100% | 耦合 | 22,102,117 | 4-7,4-9 | 1 133 009.00 | 1 083 849.00 | 49 160 | 2 822.5 | 0 | 2 822.5 | 210.00 |
| 100% | 独立 | 117 | 4-7,4-9,13-14 | 1 134 561.50 | 1 081 801.50 | 52 760 | 3 272.5 | 0 | 3 272.5 | 243.60 |

注：* 表示该解决方案与耦合决策环境一致。

## 6.3 结　　论

在本章中，我们提出了重新配置 RN 和 PN 的数学模型，以在干扰事件出现后的恢复期内最小化系统性能损失。在这两个网络中，系统性能损失通过未满足的需求来衡量，即对于 RN 来说是衡量未满足的 GV 和 EV 交通需求；对于 PN 来说是衡量未满足的电力负荷。对于 RN，所提出的模型旨在解决系统最优动态交通分配问题，同时考虑 EV 和 FCS 的特性。这些特性包括 EV 的行驶范围（电池容量）和 SoC，以及 FCS 中的物理约束，例如充电桩数量和充电功率等。此外，本章还提出了一种混合整数规划模型来最小化恢复期间的综合系统性能损失。为了提高在破坏性事件后系统的韧性，重新配置策略采用了 RN 中的链路反向技术和 PN 中的线路开关。而且本章所提出的耦合交通-电力系统模型考虑了 PN 和 RN 之间的动态交互。这两个网络通过 EV 充电需求进行耦合，并在本章所提出的模型中进行协调管理。本章中的示例使用了 NC 的部分高速公路网络和修改后的 IEEE 14-bus 系统来说明所提出的模型。结果表明：① 在 PN 和 RN 上应用重构策略可以有效提高破坏性事件发生后系统的性能；② 与 PN 和 RN 的独立重构方案相比，协调重构交通-电力系统和管理 EV 充电需求，可以大大减少系统性能损失；③ 随着 EV 渗透率的增加，RN 的效率显著降低，这强调了为了提升 RN 效率需要部署更多的 FCS。本章所提出的模型可以用于为交通-电力系统提供有效的紧急重构解决方案（例如 RN 中的链路反向和 PN 中的线路切换），以增强系统的韧性。操作性解决方案（即系统最优动态交通分配和最优功率流分配方案）可以作为管理交通-电力流和 EV 充电需求的基础方案。

# 第 7 章

# 总结与未来工作展望

## 7.1 总　　结

本书的目的是为耦合交通-电力系统的韧性评估提出一个框架。为实现这一目标，本书首先提出了一个模拟框架，以模拟交通-电力耦合系统的运行。然后，基于 CTM 提出了一种新型线性规划模型，通过解决考虑电动汽车和快速充电站的系统优化动态交通分配问题来估计电气化路网的状态。该模型最初包含了电动汽车在 CTM 中带来的新因素，如充电元胞（链路）、排队元胞（链路）和能量水平，从而可以描述快速充电站和电动汽车的关键物理特征，如电动汽车的行驶范围、电动汽车的初始充电状态和快速充电站的容量。此外，电动汽车的充电过程也在提出的模型中明确建模。在基于 CTM 的优化模型基础上，本书进一步提出了基于 LTM 的优化模型，以减少计算时间。

在第 3 章中，本书基于第 2 章中提出的仿真系统模型，提出了一个基于仿真的框架，用于评估纽约州耦合交通-电力系统的概率风险，并考虑道路交通事件。为了解释道路交通事件的随机性，我们实施了一种非序列蒙特卡洛算法，通过支路过载和低电压的不同严重程度指标评估了其对电力系统的影响。第 3 章所提出的风险评估框架允许从系统级角度研究电力和交通系统中故障的相互作用和传播。它还可以帮助我们理解如何优化和更新现有的电力和交通基础设施，以应对日益增长的由电动汽车带来的问题。在该框架内，我们考虑了实时交通状况，这在关于交通-电力耦合系统的文献中很少被提及。这为电力和交通基础设施之间的相互作用提供了新的视角。该模型也存在一些约束和限制。在道路交通事件建模中，虽然大多数文献都使用可用容量比例函数中的确定性参数，但由于缺乏相关数据，这些参数不易确定。该模型的计算时间主要受模拟时间间隔以及道路网络和配电网规模的影响。通常，在将该模型应用于更大规模的系统时，必须在计算时间和结果精度之间找到一个平衡点，选择合适的时间间隔。

在第 4 章中，本书将基于 CTM 的 SO-DTA 模型（考虑电动汽车和快速充电站）集成到一个框架中，将其用于评估电气化路网的韧性。该框架考虑了 FCS 的故障，而这在文献中很少被提及。此外，本书还提出了一个两阶段模型来考虑故障的不确定性，提出了两个指标来评估 ERN 的韧性以及故障对 FCS 的影响。结果表明，以累计交通吞吐量量化的电气化交通系统的韧性受电动汽车渗透率以及 FCS 故障强度（即故障持续时间、同时发生故障的 FCS 数量）的影响。初始能量水平较低（电动汽车渗透率较高）的电动汽车数量较多、故障持续的时间较长以及同时发生两种故障，通常会导致系统在累计吞吐量性能方面的韧性降低。结果表明，在高速公路入口处部署 FCS 可以为出行前忘记充电的车主提供急需的充电服务。这些 FCS 的正常运行也至关重要，有助于增强 ERN 的韧性。本书所提出的两阶段模型的结果可作为分析时空流量分布和充电需求的基准。本书所提出的框架使我们能够识别 ERN 韧性的关键组件（FCS 的不同重要性）。这些定量信息可以为运营商提供指导，以增强系统对 FCS 故障的韧性，例如，其可帮助运营商确定应主要在哪个 FCS 上安装备用电源，以应对潜在的停电。

在第 5 章中，本书采用了所提出的基于 LTM 的 SO-DTA 模型来研究 ERN 和 PN 独立运行、联合运行和共享信息时的运行解决方案差异。考虑到两个网络的约束条件，如道路容量、交通流量容量和发电机的限制，本书为 ERN 和 PN 制定了不同的决策环境。为了说明所提出的模型，本书研究了一个数值示例。从结果可以看出，由于 ERN 运营商不知道各个 FCS 之间和时段之间的电价差异信息，因此在分散式情况下充电成本最高。即使有限地共享信息，或 ERN 与 PN 联合运营，充电成本也能显著降低。可再生能源应用的增加和电力需求曲线的扁平化有助于降低集中式情况下的充电成本、电力成本和固定配电网的拥堵程度。固定充电桩之间的电价差异和绕行时间都会影响充电需求分布。

在第 6 章中，基于第 2 章中提出的系统模型，本书建立了 RN 和 PN 重构过程的数学模型，以最大限度地减少中断事件后恢复期间的系统性能损失。结果表明，在 PN 和 RN 上应用重构策略可有效改善中断后的系统性能。与 PN 和 RN 的独立重构方案相比，通过以协同的方式重构交通-电力系统和管理电动汽车的充电需求，可在很大程度上减少系统性能损失。本书建立的模型可用于为交通-电力系统提供有效的紧急重构解决方案，以增强系统的韧性。运行解决方案可作为管理交通-电力流和电动汽车充电需求的基准。

## 7.2 未来工作展望

本书的研究内容可以从几个方向扩展。

① 在考虑 ERN 和 FCS 关键特征的动态交通分配问题中，用用户均衡准则代替系统最优准则是有价值的，但对于交通-电力系统模型来说却具有挑战性：满足用户均衡条件需要更复杂的电动汽车充电行为模型，这可能会导致极其昂贵的计算成本。虽然文献 [40]、[42]、[44] 声称已经解决了考虑电动汽车的动态用户均衡问题，但其过于简化 ERN 和 FCS 的关键特征。因此，如何解决这个问题仍然是一个悬而未决的问题。

② 将移动储能系统纳入应急响应策略可能是提高 RN 韧性的有效方法。然而，如何将移动储能系统集成到交通-电力系统模型中需要更多的研究。

③ 在本书中，电动汽车被假设仅在快速充电站中充电，未考虑 V2G 技术。然而，快速充电站中的 V2G 技术可以被认为能够更高效地运行耦合的交通-电力系统，并增强其韧性。如何合理将 V2G 技术应用于提高耦合交通-电力系统韧性，是可进一步研究的问题。

④ 研究在考虑安全约束和天气条件的情况下协调充电需求以最大限度地利用可再生能源也颇具意义。

# 参考文献

[1] HAWKINS T R, SINGH B, MAJEAU-BETTEZ G, et al. Comparative environmental life cycle assessment of conventional and electric vehicles[J]. Journal of Industrial Ecology, 2013, 17(1):53-64.

[2] IEA C E M, INITIATIVE E V, et al. Global EV outlook 2017[EB/OL]. https://www.iea.org/reports/global-ev-outlook-2017.

[3] Transport & Environment. Recharge EU: How many charge points will EU countries need by 2030[R]. Transport & Environment, 2020.

[4] HOLLING C S. Resilience and stability of ecological systems[J]. Annual Review of Ecology and Systematics, 1973, 4(1):1-23.

[5] HOUSE W. Presidential policy directive 21–critical infrastructure security and resilience[EB/OL]. https://obamawhitehouse.archives.gov/the-press-office/2013/02/12/presidential-policy-directive-critical-infrastructure-security-and-resil.

[6] UNITED NATIONS OFFICE FOR DISASTER RISK REDUCTION. Third UN world conference on disaster risk reduction[EB/OL]. https://www.preventionweb.net/files/45069_proceedingsthirdunitednationsworldc.pdf.

[7] Disaster resilience: A national imperative[EB/OL]. https://nap.nationalacademies.org/catalog/13457/disaster-resilience-a-national-imperative.

[8] OFFICE C. Keeping the country running: natural hazards and infrastructure[EB/OL]. https://www.gov.uk/government/publications/keeping-the-country-running-natural-hazards-and-infrastructure.

[9] COUNCIL N R, et al. National earthquake resilience: research, implementation, and outreach[M]. National Academies Press, 2011.

[10] LINKOV I, BRIDGES T, CREUTZIG F, et al. Changing the resilience paradigm[J]. Nature Climate Change, 2014, 4(6):407-409.

[11] ZHOU Y, WANG J, YANG H. Resilience of transportation systems: concepts and comprehensive review[J]. IEEE Transactions on Intelligent Transportation Systems, 2019, 20(12):4262-4276.

[12] DONG S, YU T, FARAHMAND H, et al. Bayesian modeling of flood control networks for failure cascade characterization and vulnerability assessment[J]. Computer-Aided Civil and Infrastructure Engineering, 2020, 35(7):668-684.

[13]  GALAITSI S, KEISLER J M, TRUMP B D, et al. The need to reconcile concepts that characterize systems facing threats[J]. Risk Analysis, 2021, 41(1):3-15.

[14]  AYYUB B M. Systems resilience for multihazard environments: Definition, metrics, and valuation for decision making[J]. Risk Analysis, 2014, 34(2):340-355.

[15]  GANIN A A, MASSARO E, GUTFRAIND A, et al. Operational resilience: concepts, design and analysis[J]. Scientific Reports, 2016, 6(1):1-12.

[16]  SHAUKAT N, KHAN B, ALI S, et al. A survey on electric vehicle transportation within smart grid system[J]. Renewable and Sustainable Energy Reviews, 2018, 81: 1329-1349.

[17]  WEI W, DANMAN W, QIUWEI W, et al. Interdependence between transportation system and power distribution system: a comprehensive review on models and applications[J]. Journal of Modern Power Systems and Clean Energy, 2019, 7(3): 433-448.

[18]  WANG X, SHAHIDEHPOUR M, JIANG C, et al. Coordinated planning strategy for electric vehicle charging stations and coupled traffic-electric networks[J]. IEEE Transactions on Power Systems, 2018, 34(1):268-279.

[19]  BAE S, KWASINSKI A. Spatial and temporal model of electric vehicle charging demand[J]. IEEE Transactions on Smart Grid, 2012, 3(1):394-403.

[20]  DONG X, YUAN K, SONG Y, et al. A load forecast method for fast charging stations of electric vehicles on the freeway considering the information interaction[J]. Energy Procedia, 2017, 142:2171-2176.

[21]  MU Y, WU J, JENKINS N, et al. A spatial–temporal model for grid impact analysis of plug-in electric vehicles[J]. Applied Energy, 2014, 114:456-465.

[22]  GARCíA-VILLALOBOS J, ZAMORA I, KNEZOVIć K, et al. Multi-objective optimization control of plug-in electric vehicles in low voltage distribution networks[J]. Applied Energy, 2016, 180:155-168.

[23]  WU F, SIOSHANSI R. A two-stage stochastic optimization model for scheduling electric vehicle charging loads to relieve distribution-system constraints[J]. Transportation Research Part B: Methodological, 2017, 102:55-82.

[24]  TANG D, WANG P. Probabilistic modeling of nodal charging demand based on spatial-temporal dynamics of moving electric vehicles[J]. IEEE Transactions on Smart Grid, 2016, 7(2):627-636.

[25]  TANG D, WANG P. Nodal impact assessment and alleviation of moving electric ve-

hicle loads: From traffic flow to power flow[J]. IEEE Transactions on Power Systems, 2016, 31(6):4231-4242.

[26] KIM J, SON S Y, LEE J M, et al. Scheduling and performance analysis under a stochastic model for electric vehicle charging stations[J]. Omega, 2017, 66:278-289.

[27] LUO Y, ZHU T, WAN S, et al. Optimal charging scheduling for large-scale EV (electric vehicle) deployment based on the interaction of the smart-grid and intelligent-transport systems[J]. Energy, 2016, 97:359-368.

[28] WARDROP J G. Road paper. some theoretical aspects of road traffic research.[J]. Proceedings of the Institution of Civil Engineers, 1952, 1(3):325-362.

[29] YPERMAN I, LOGGHE S, IMMERS B. Dynamic congestion pricing in a network with queue spillover[C]//12th World Congress on Intelligent Transport Systems, ITS America. 2005.

[30] YPERMAN I, LOGGHE S, IMMERS B. How congestion pricing can increase traffic volumes[C]//Proceedings of the Conference of the Network on Eur. Communications and Transportation Act. Research (NECTAR). 2005.

[31] WU F, SIOSHANSI R. A stochastic flow-capturing model to optimize the location of fast-charging stations with uncertain electric vehicle flows[J]. Transportation Research Part D: Transport and Environment, 2017, 53:354-376.

[32] WEI W, WANG J, WU L. Quantifying the impact of road capacity loss on urban electrified transportation networks: an optimization based approach[J]. International Journal of Transportation Science and Technology, 2016, 5(4):268-288.

[33] WEI W, MEI S, WU L, et al. Optimal traffic-power flow in urban electrified transportation networks[J]. IEEE Transactions on Smart Grid, 2017, 8(1):84-95.

[34] WEI W, WU L, WANG J, et al. Network equilibrium of coupled transportation and power distribution systems[J]. IEEE Transactions on Smart Grid, 2018, 9(6): 6764-6779.

[35] BLIEMER M C, RAADSEN M P. Continuous-time general link transmission model with simplified fanning, part i: Theory and link model formulation[J]. Transportation Research Part B: Methodological, 2019, 126:442-470.

[36] ZHANG H, HU Z, SONG Y. Power and transport nexus: Routing electric vehicles to promote renewable power integration[J]. IEEE Transactions on Smart Grid, 2020, 11(4):3291-3301.

[37] WEI W, WU L, WANG J, et al. Network equilibrium of coupled transportation

and power distribution systems[J]. IEEE Transactions on Smart Grid, 2018, 9(6): 6764-6779.

[38] GENG L, LU Z, HE L, et al. Smart charging management system for electric vehicles in coupled transportation and power distribution systems[J]. Energy, 2019, 189: 116275.

[39] XIE S, HU Z, WANG J, et al. The optimal planning of smart multi-energy systems incorporating transportation, natural gas and active distribution networks[J]. Applied Energy, 2020, 269:115006.

[40] ZHOU Z, ZHANG X, GUO Q, et al. Analyzing power and dynamic traffic flows in coupled power and transportation networks[J]. Renewable and Sustainable Energy Reviews, 2021, 135:110083.

[41] ROSSI F, IGLESIAS R, ALIZADEH M, et al. On the interaction between autonomous mobility-on-demand systems and the power network: models and coordination algorithms[J]. IEEE Transactions on Control of Network Systems, 2019, 7(1):384-397.

[42] LV S, WEI Z, SUN G, et al. Optimal power and semi-dynamic traffic flow in urban electrified transportation networks[J]. IEEE Transactions on Smart Grid, 2019, 11(3):1854-1865.

[43] LV S, WEI Z, CHEN S, et al. Integrated demand response for congestion alleviation in coupled power and transportation networks[J]. Applied Energy, 2021, 283:116206.

[44] SUN G, LI G, XIA S, et al. Aladin-based coordinated operation of power distribution and traffic networks with electric vehicles[J]. IEEE Transactions on Industry Applications, 2020, 56(5):5944-5954.

[45] DAGANZO C F. The cell transmission model: a dynamic representation of highway traffic consistent with the hydrodynamic theory[J]. Transportation Research Part B: Methodological, 1994, 28(4):269-287.

[46] DAGANZO C F. The cell transmission model, part ii: network traffic[J]. Transportation Research Part B: Methodological, 1995, 29(2):79-93.

[47] ZILIASKOPOULOS A K. A linear programming model for the single destination system optimum dynamic traffic assignment problem[J]. Transportation Science, 2000, 34(1):37-49.

[48] DOAN K, UKKUSURI S V. On the holding-back problem in the cell transmission based dynamic traffic assignment models[J]. Transportation Research Part B: Methodological, 2012, 46(9):1218-1238.

[49] ZHU F, UKKUSURI S V. A cell based dynamic system optimum model with non-holding back flows[J]. Transportation Research Part C: Emerging Technologies, 2013, 36:367-380.

[50] LO H K, SZETO W Y. A cell-based variational inequality formulation of the dynamic user optimal assignment problem[J]. Transportation Research Part B: Methodological, 2002, 36(5):421-443.

[51] HAN L, UKKUSURI S, DOAN K. Complementarity formulations for the cell transmission model based dynamic user equilibrium with departure time choice, elastic demand and user heterogeneity[J]. Transportation Research Part B: Methodological, 2011, 45(10):1749-1767.

[52] UKKUSURI S V, HAN L, DOAN K. Dynamic user equilibrium with a path based cell transmission model for general traffic networks[J]. Transportation Research Part B: Methodological, 2012, 46(10):1657-1684.

[53] MEHRABIPOUR M, HAJIBABAI L, HAJBABAIE A. A decomposition scheme for parallelization of system optimal dynamic traffic assignment on urban networks with multiple origins and destinations[J]. Computer-Aided Civil and Infrastructure Engineering, 2019, 34(10):915-931.

[54] ZHU F, UKKUSURI S V. Modeling the proactive driving behavior of connected vehicles: A cell-based simulation approach[J]. Computer-Aided Civil and Infrastructure Engineering, 2018, 33(4):262-281.

[55] VENKATRAMAN P, LEVIN M W. A congestion-aware tabu search heuristic to solve the shared autonomous vehicle routing problem[J]. Journal of Intelligent Transportation Systems, 2021, 25(4):343-355.

[56] YPERMAN I. The link transmission model for dynamic network loading[D]. Belgium: Katholieke Universiteit Leuven, 2007.

[57] NEWELL G F. A simplified theory of kinematic waves in highway traffic, part i: General theory[J]. Transportation Research Part B: Methodological, 1993, 27(4):281-287.

[58] NEWELL G F. A simplified theory of kinematic waves in highway traffic, part ii: Queueing at freeway bottlenecks[J]. Transportation Research Part B: Methodological, 1993, 27(4):289-303.

[59] NEWELL G F. A simplified theory of kinematic waves in highway traffic, part iii: Multi-destination flows[J]. Transportation Research Part B: Methodological, 1993, 27

(4):305-313.

[60] RAADSEN M P, BLIEMER M C. Continuous-time general link transmission model with simplified fanning, part ii: Event-based algorithm for networks[J]. Transportation Research Part B: Methodological, 2019, 126:471-501.

[61] LIU B, DENG Y. Risk evaluation in failure mode and effects analysis based on d numbers theory.[J]. International Journal of Computers, Communications & Control, 2019, 14(5):672-691.

[62] ZHAO J, DENG Y. Performer selection in human reliability analysis: D numbers approach.[J]. International Journal of Computers, Communications & Control, 2019, 14(3):437-452.

[63] FANG Y, SANSAVINI G. Optimizing power system investments and resilience against attacks[J]. Reliability Engineering & System Safety, 2017, 159:161-173.

[64] FANG Y, PEDRONI N, ZIO E. Optimization of cascade-resilient electrical infrastructures and its validation by power flow modeling[J]. Risk Analysis, 2015, 35(4): 594-607.

[65] ABDIN I, LI Y F, ZIO E. Risk assessment of power transmission network failures in a uniform pricing electricity market environment[J]. Energy, 2017, 138:1042-1055.

[66] ZHANG X, MAHADEVAN S, SANKARARAMAN S, et al. Resilience-based network design under uncertainty[J]. Reliability Engineering & System Safety, 2018, 169:364-379.

[67] ZHANG X, MAHADEVAN S, GOEBEL K. Network reconfiguration for increasing transportation system resilience under extreme events[J]. Risk Analysis, 2019(9): 2054-2075.

[68] MO H, DENG Y. An evaluation for sustainable mobility extended by d numbers[J]. Technological and Economic Development of Economy, 2019, 25(5):802-819.

[69] QUINN C, ZIMMERLE D, BRADLEY T H. The effect of communication architecture on the availability, reliability, and economics of plug-in hybrid electric vehicle-to-grid ancillary services[J]. Journal of Power Sources, 2010, 195(5):1500-1509.

[70] HASHEMI-DEZAKI H, HAMZEH M, ASKARIAN-ABYANEH H, et al. Risk management of smart grids based on managed charging of PHEVs and vehicle-to-grid strategy using monte carlo simulation[J]. Energy Conversion and Management, 2015, 100:262-276.

[71] XU N, CHUNG C. Uncertainties of EV charging and effects on well-being analysis of

[72] FOTOUHI H, MORYADEE S, MILLER-HOOKS E. Quantifying the resilience of an urban traffic-electric power coupled system[J]. Reliability Engineering & System Safety, 2017, 163:79-94.

[73] WANG X, SHAHIDEHPOUR M, JIANG C, et al. Resilience enhancement strategies for power distribution network coupled with urban transportation system[J]. IEEE Transactions on Smart Grid, 2018, 10(4):4068-4079.

[74] HOU K, XU X, JIA H, et al. A reliability assessment approach for integrated transportation and electrical power systems incorporating electric vehicles[J]. IEEE Transactions on Smart Grid, 2018, 9(1):88-100.

[75] BURNHAM A, DUFEK E J, STEPHENS T, et al. Enabling fast charging-infrastructure and economic considerations[J]. Journal of Power Sources, 2017, 367: 237-249.

[76] MAO D, YUAN C, GAO Z, et al. Online prediction for transmission cascading outages induced by ultrafast PEV charging[J]. IEEE Transactions on Transportation Electrification, 2019, 5(4):1124-1133.

[77] LI Q, WANG Y, PU Z, et al. Time series association state analysis method for attacks on the smart internet of electric vehicle charging network[J]. Transportation Research Record, 2019, 2673(4):217-228.

[78] WANG B, DEHGHANIAN P, WANG S, et al. Electrical safety considerations in large-scale electric vehicle charging stations[J]. IEEE Transactions on Industry Applications, 2019, 55(6):6603-6612.

[79] ENERGY EMERGENCIES EXECUTIVE COMMITTEE. Gb power system disruption on 9 august 2019 energy emergencies executive committee (E3C): final report[R]. Department for Business, Energy & Industrial Strategy, 2020.

[80] FATURECHI R, MILLER-HOOKS E. A mathematical framework for quantifying and optimizing protective actions for civil infrastructure systems[J]. Computer-Aided Civil and Infrastructure Engineering, 2014, 29(8):572-589.

[81] LIU W, SONG Z. Review of studies on the resilience of urban critical infrastructure networks[J]. Reliability Engineering & System Safety, 2020, 193:106617.

[82] NOGAL M, O'CONNOR A, CAULFIELD B, et al. Resilience of traffic networks: from perturbation to recovery via a dynamic restricted equilibrium model[J]. Reliability Engineering & System Safety, 2016, 156:84-96.

[83] NOGAL M, HONFI D. Assessment of road traffic resilience assuming stochastic user behaviour[J]. Reliability Engineering & System Safety, 2019, 185:72-83.

[84] GANIN A A, KITSAK M, MARCHESE D, et al. Resilience and efficiency in transportation networks[J]. Science Advances, 2017, 3(12):e1701079.

[85] GANIN A A, MERSKY A C, JIN A S, et al. Resilience in intelligent transportation systems (ITS)[J]. Transportation Research Part C: Emerging Technologies, 2019, 100: 318-329.

[86] WANG J, KONG Y, FU T. Expressway crash risk prediction using back propagation neural network: A brief investigation on safety resilience[J]. Accident Analysis & Prevention, 2019, 124:180-192.

[87] ACHILLOPOULOU D V, MITOULIS S A, ARGYROUDIS S A, et al. Monitoring of transport infrastructure exposed to multiple hazards: a roadmap for building resilience[J]. Science of the Total Environment, 2020(746):141001.

[88] ROY K C, HASAN S, MOZUMDER P. A multilabel classification approach to identify hurricane-induced infrastructure disruptions using social media data[J]. Computer-Aided Civil and Infrastructure Engineering, 2020, 35(12):1387-1402.

[89] ZHANG C, YAO W, YANG Y, et al. Semiautomated social media analytics for sensing societal impacts due to community disruptions during disasters[J]. Computer-Aided Civil and Infrastructure Engineering, 2020, 35(12):1331-1348.

[90] INTERNATIONAL ENERGY AGENCY (IEA). Global ev outlook 2020[R]. IEA, 2020.

[91] ZHENG Y, NIU S, SHANG Y, et al. Integrating plug-in electric vehicles into power grids: a comprehensive review on power interaction mode, scheduling methodology and mathematical foundation[J]. Renewable and Sustainable Energy Reviews, 2019, 112:424-439.

[92] TENG F, DING Z, HU Z, et al. Technical review on advanced approaches for electric vehicle charging demand management, part i: Applications in electric power market and renewable energy integration[J]. IEEE Transactions on Industry Applications, 2020, 56(5):5684-5694.

[93] DING Z, TENG F, SARIKPRUECK P, et al. Technical review on advanced approaches for electric vehicle charging demand management, part ii: applications in transportation system coordination and infrastructure planning[J]. IEEE Transactions on Industry Applications, 2020, 56(5):5695-5703.

[94] YANG T, GUO Q, XU L, et al. Dynamic pricing for integrated energy-traffic systems from a cyber-physical-human perspective[J]. Renewable and Sustainable Energy Reviews, 2021, 136:110419.

[95] WANG H, FANG Y P, ZIO E. Risk assessment of an electrical power system considering the influence of traffic congestion on a hypothetical scenario of electrified transportation system in new york state[J]. IEEE Transactions on Intelligent Transportation Systems, 2021, 22(1):142-155.

[96] SHIN M, CHOI D H, KIM J. Cooperative management for PV/ESS-enabled electric vehicle charging stations: a multiagent deep reinforcement learning approach[J]. IEEE Transactions on Industrial Informatics, 2019, 16(5):3493-3503.

[97] AZIZ T, LIN Z, WASEEM M, et al. Review on optimization methodologies in transmission network reconfiguration of power systems for grid resilience[J]. International Transactions on Electrical Energy Systems, 2021, 31(3):e12704.

[98] WANG Y, ROUSIS A O, STRBAC G. On microgrids and resilience: a comprehensive review on modeling and operational strategies[J]. Renewable and Sustainable Energy Reviews, 2020, 134:110313.

[99] FAN D, REN Y, FENG Q, et al. Restoration of smart grids: current status, challenges, and opportunities[J]. Renewable and Sustainable Energy Reviews, 2021, 143:110909.

[100] SEKHAVATMANESH H, CHERKAOUI R. Distribution network restoration in a multiagent framework using a convex opf model[J]. IEEE Transactions on Smart Grid, 2018, 10(3):2618-2628.

[101] SABOUHI H, DOROUDI A, FOTUHI-FIRUZABAD M, et al. Electricity distribution grids resilience enhancement by network reconfiguration[J]. International Transactions on Electrical Energy Systems, 2021, 31(11):e13047.

[102] AGRAWAL P, KANWAR N, GUPTA N, et al. Resiliency in active distribution systems via network reconfiguration[J]. Sustainable Energy, Grids and Networks, 2021, 26:100434.

[103] GUIMARAES I G, BERNARDON D P, GARCIA V J, et al. A decomposition heuristic algorithm for dynamic reconfiguration after contingency situations in distribution systems considering island operations[J]. Electric Power Systems Research, 2021, 192: 106969.

[104] LI W, LI Y, CHEN C, et al. A full decentralized multi-agent service restoration for distribution network with dgs[J]. IEEE Transactions on Smart Grid, 2019, 11(2):

1100-1111.

[105] LIBERATI F, DI GIORGIO A, GIUSEPPI A, et al. Efficient and risk-aware control of electricity distribution grids[J]. IEEE Systems Journal, 2020, 14(3):3586-3597.

[106] SEKHAVATMANESH H, CHERKAOUI R. Analytical approach for active distribution network restoration including optimal voltage regulation[J]. IEEE Transactions on Power Systems, 2018, 34(3):1716-1728.

[107] ZHANG Y, BANSAL M, ESCOBEDO A R. Risk-neutral and risk-averse transmission switching for load shed recovery with uncertain renewable generation and demand[J]. IET Generation, Transmission & Distribution, 2020, 14(21):4936-4945.

[108] NAZEMI M, DEHGHANIAN P. Seismic-resilient bulk power grids: hazard characterization, modeling, and mitigation[J]. IEEE Transactions on Engineering Management, 2019, 67(3):614-630.

[109] WANG Y, WANG J. Integrated reconfiguration of both supply and demand for evacuation planning[J]. Transportation Research Part E: Logistics and Transportation Review, 2019, 130:82-94.

[110] WANG Y, WANG J. Measuring and maximizing resilience of transportation systems for emergency evacuation[J]. IEEE Transactions on Engineering Management, 2019, 67(3):603-613.

[111] CHIOU S W. A traffic-responsive signal control to enhance road network resilience with hazmat transportation in multiple periods[J]. Reliability Engineering & System Safety, 2018, 175:105-118.

[112] KOUTSOUKOS X, KARSAI G, LASZKA A, et al. Sure A modeling and simulation integration platform for evaluation of secure and resilient cyber–physical systems[J]. Proceedings of the IEEE, 2017, 106(1):93-112.

[113] WU Y, HOU G, CHEN S. Post-earthquake resilience assessment and long-term restoration prioritization of transportation network[J]. Reliability Engineering & System Safety, 2021, 211:107612.

[114] ZHAO T, ZHANG Y. Transportation infrastructure restoration optimization considering mobility and accessibility in resilience measures[J]. Transportation Research Part C: Emerging Technologies, 2020, 117:102700.

[115] NAZEMI M, DEHGHANIAN P, LU X, et al. Uncertainty-aware deployment of mobile energy storage systems for distribution grid resilience[J]. IEEE Transactions on Smart Grid, 2021, 12(4): 3200-3214.

[116] LEI S, CHEN C, LI Y, et al. Resilient disaster recovery logistics of distribution systems: co-optimize service restoration with repair crew and mobile power source dispatch[J]. IEEE Transactions on Smart Grid, 2019, 10(6):6187-6202.

[117] TAHERI B, SAFDARIAN A, MOEINI-AGHTAIE M, et al. Distribution system resilience enhancement via mobile emergency generators[J]. IEEE Transactions on Power Delivery, 2020, 36(4):2308-2319.

[118] ANOKHIN D, DEHGHANIAN P, LEJEUNE M A, et al. Mobility-as-a-service for resilience delivery in power distribution systems[J]. Production and Operations Management, 2021, 30(8):2492-2521.

[119] WANG Y, XU Y, LI J, et al. Dynamic load restoration considering the interdependencies between power distribution systems and urban transportation systems[J]. CSEE Journal of Power and Energy Systems, 2020, 6(4):772-781.

[120] LI B, CHEN Y, WEI W, et al. Resilient restoration of distribution systems in coordination with electric bus scheduling[J]. IEEE Transactions on Smart Grid, 2021, 12(4):3314-3325.

[121] ADDERLY S A, MANUKIAN D, SULLIVAN T D, et al. Electric vehicles and natural disaster policy implications[J]. Energy Policy, 2018, 112:437-448.

[122] FENG K, LIN N, XIAN S, et al. Can we evacuate from hurricanes with electric vehicles?[J]. Transportation Research Part D: Transport and Environment, 2020, 86:102458.

[123] MONTICELLI A. State estimation in electric power systems: a generalized approach[M]. Boston, MA: Springer US, 1999.

[124] ROCCHETTA R, LI Y, ZIO E. Risk assessment and risk-cost optimization of distributed power generation systems considering extreme weather conditions[J]. Reliability Engineering & System Safety, 2015, 136:47-61.

[125] SU W, EICHI H, ZENG W, et al. A survey on the electrification of transportation in a smart grid environment[J]. IEEE Transactions on Industrial Informatics, 2012, 8(1):1-10.

[126] HE F, WU D, YIN Y, et al. Optimal deployment of public charging stations for plug-in hybrid electric vehicles[J]. Transportation Research Part B: Methodological, 2013, 47:87-101.

[127] HE F, YIN Y, ZHOU J. Integrated pricing of roads and electricity enabled by wireless power transfer[J]. Transportation Research Part C: Emerging Technologies, 2013, 34:

1-15.

[128] HE F, YIN Y, WANG J, et al. Sustainability SI: optimal prices of electricity at public charging stations for plug-in electric vehicles[J]. Networks and Spatial Economics, 2016, 16(1):131-154.

[129] MONTICELLI A. State estimation in electric power systems: a generalized approach [M]. Springer Science & Business Media, 2012.

[130] CHEN R, QIAN X, MIAO L, et al. Optimal charging facility location and capacity for electric vehicles considering route choice and charging time equilibrium[J]. Computers & Operations Research, 2020, 113:104776.

[131] LONG J, SZETO W Y. Link-based system optimum dynamic traffic assignment problems in general networks[J]. Operations Research, 2019, 67(1):167-182.

[132] YPERMAN I. The link transmission model for dynamic network loading[D]. KU Leuven, 2007.

[133] COUNCIL T R B N R. Highway capacity manual[M]. TRB Business Office, 2000.

[134] WASHINGTON S P, KARLAFTIS M G, MANNERING F. Statistical and econometric methods for transportation data analysis[M]. Chapman and Hall/CRC, 2010.

[135] NAM D, MANNERING F. An exploratory hazard-based analysis of highway incident duration[J]. Transportation Research Part A: Policy and Practice, 2000, 34(2):85-102.

[136] HOJATI A T, FERREIRA L, WASHINGTON S, et al. Hazard based models for freeway traffic incident duration[J]. Accident Analysis & Prevention, 2013, 52:171-181.

[137] CHUNG Y. Development of an accident duration prediction model on the korean freeway systems[J]. Accident Analysis & Prevention, 2010, 42(1):282-289.

[138] SMITH B L, QIN L, VENKATANARAYANA R. Characterization of freeway capacity reduction resulting from traffic accidents[J]. Journal of Transportation Engineering, 2003, 129(4):362-368.

[139] LI J, LAN C J, GU X. Estimation of incident delay and its uncertainty on freeway networks[J]. Transportation research record, 2006, 1959(1):37-45.

[140] YAN J, JI Y. Risk assessment of six indicators in power system operation[C]//Power and Energy Engineering Conference (APPEEC), 2010 Asia-Pacific. IEEE, 2010: 1-4.

[141] NI M, MCCALLEY J D, VITTAL V, et al. Online risk-based security assessment[J]. IEEE Transactions on Power Systems, 2003, 18(1):258-265.

[142] ZOU K, AGALGAONKAR A, MUTTAQI K M, et al. Voltage support by distributed

generation units and shunt capacitors in distribution systems[C]//Power & Energy Society General Meeting, 2009. PES'09. IEEE. IEEE, 2009: 1-8.

[143] JOHANSSON J, HASSEL H, ZIO E. Reliability and vulnerability analyses of critical infrastructures: comparing two approaches in the context of power systems[J]. Reliability Engineering & System Safety, 2013, 120:27-38.

[144] New york state department of transportation functional class viewer[EB/OL]. https://gis.dot.ny.gov/html5viewer/?viewer=FC.

[145] Kim Y H, Peeta S, He X. An analytical model to characterize the spatiotemporal propagation of information under vehicle-to-vehicle communications[J]. IEEE Transactions on Intelligent Transportation Systems, 2018, 19(1):3-12.

[146] BRILON W. Traffic flow analysis beyond traditional methods[C]//Proceedings of the 4th International Symposium on Highway Capacity. Transportation Research Board Washington, DC, USA, 2000: 26-41.

[147] Traffic data viewer [EB/OL]. https://www.dot.ny.gov/gisapps/tdv.

[148] WANG H, FANG Y P, ZIO E. Risk assessment of an electrical power system considering the influence of traffic congestion on a hypothetical scenario of electrified transportation system in New York state[J]. IEEE Transactions on Intelligent Transportation Systems, 2021, 22(1):142-155.

[149] KERSTING W. Radial distribution test feeders[J]. IEEE Transactions on Power Systems, 1991, 6(3):975-985.

[150] Load data [EB/OL]. https://www.nyiso.com/load-data.

[151] GALBUSERA L, GIANNOPOULOS G, ARGYROUDIS S, et al. A boolean networks approach to modeling and resilience analysis of interdependent critical infrastructures [J]. Computer-Aided Civil and Infrastructure Engineering, 2018, 33(12):1041-1055.

[152] ZIO E, AVEN T. Uncertainties in smart grids behavior and modeling: What are the risks and vulnerabilities? how to analyze them?[J]. Energy Policy, 2011, 39(10): 6308-6320.

[153] SZETO W, LO H K. Dynamic traffic assignment: properties and extensions[J]. Transportmetrica, 2006, 2(1):31-52.

[154] MA R, BAN X J, PANG J S. Continuous-time dynamic system optimum for single-destination traffic networks with queue spillbacks[J]. Transportation Research Part B: Methodological, 2014, 68:98-122.

[155] OUYANG M, FANG Y. A mathematical framework to optimize critical infrastructure

## 参考文献

resilience against intentional attacks[J]. Computer-Aided Civil and Infrastructure Engineering, 2017, 32(11):909-929.

[156] FRANCO E, et al. The global risks report 2020[C]//World Economic Forum. 2020.

[157] NGUYEN S, DUPUIS C. An efficient method for computing traffic equilibria in networks with asymmetric transportation costs[J]. Transportation Science, 1984, 18(2):185-202.

[158] ZHANG X, MAHADEVAN S. A bio-inspired approach to traffic network equilibrium assignment problem[J]. IEEE Transactions on Cybernetics, 2017, 48(4):1304-1315.

[159] WANG H, ABDIN A F, FANG Y P, et al. Resilience assessment of electrified road networks subject to charging station failures[J]. Computer-Aided Civil and Infrastructure Engineering, 2021, 37(3): 300-316.

[160] U.S. Department of Energy. FOTW #1064, january 14, 2019: Median all-electric vehicle range grew from 73 miles in model year 2011 to 125 miles in model year 2018 [EB/OL]. https://www.energy.gov/eere/vehicles/articles/fotw-1064-january-14-2019-median-all-electric-vehicle-range-grew-73-miles#:~:text=From%202011%20to%202018%2C%20the,styles%2C%20which%20have%20shorter%20ranges.

[161] WANG H, ABDIN A F, FANG Y P, et al. Supplementary material[EB/OL]. https://github.com/lucky105/Sioux-Falls-network-in-cell-representation.

[162] FANG Y P, SANSAVINI G. Optimum post-disruption restoration under uncertainty for enhancing critical infrastructure resilience[J]. Reliability Engineering & System Safety, 2019, 185:1-11.

[163] WASHINGTON U. Power systems test case archive[EB/OL]. 2021. http://labs.ece.uw.edu/pstca/pf14/pg_tca14bus.htm.

[164] JIN W L. Unifiable multi-commodity kinematic wave model[J]. Transportation Research Procedia, 2017, 23:137-156.

[165] REY A, JIN W L, RITCHIE S G. An extension of newell's simplified kinematic wave model to account for first-in-first-out violation: with an application to vehicle trajectory estimation[J]. Transportation Research Part C: Emerging Technologies, 2019, 109:79-94.

[166] CAREY M. Nonconvexity of the dynamic traffic assignment problem[J]. Transportation Research Part B: Methodological, 1992, 26(2):127-133.

[167] JIN W, LI L. First-in-first-out is violated in real traffic[C]//Proceedings of Transportation Research Board Annual Meeting. 2007.

[168] JIN W L. A dynamical system model of the traffic assignment problem[J]. Transportation Research Part B: Methodological, 2007, 41(1):32-48.

[169] LONG J, CHEN J, SZETO W, et al. Link-based system optimum dynamic traffic assignment problems with environmental objectives[J]. Transportation Research Part D: Transport and Environment, 2018, 60:56-75.

[170] YU Y, HAN K, OCHIENG W. Day-to-day dynamic traffic assignment with imperfect information, bounded rationality and information sharing[J]. Transportation Research Part C: Emerging Technologies, 2020, 114:59-83.

[171] REN Y, ERCSEY-RAVASZ M, WANG P, et al. Predicting commuter flows in spatial networks using a radiation model based on temporal ranges[J]. Nature Communications, 2014, 5(1):1-9.

[172] HALLENBECK M, RICE M, SMITH B, et al. Vehicle volume distributions by classification[R]. 1997.

[173] ADMINISTRATION U E I. Hourly electric grid monitor[EB/OL]. https://www.eia.gov/electricity/gridmonitor/dashboard/electric_overview/US48/US48.

# 附录 A

# 考虑快充站故障的电动汽车充电网络韧性评估补充信息

## A.1 示例数据

由48个元胞、58条路段和4个起讫点（O-D）对组成的元胞如图A.1所示。相关参数被列于表A.1和表A.2中。

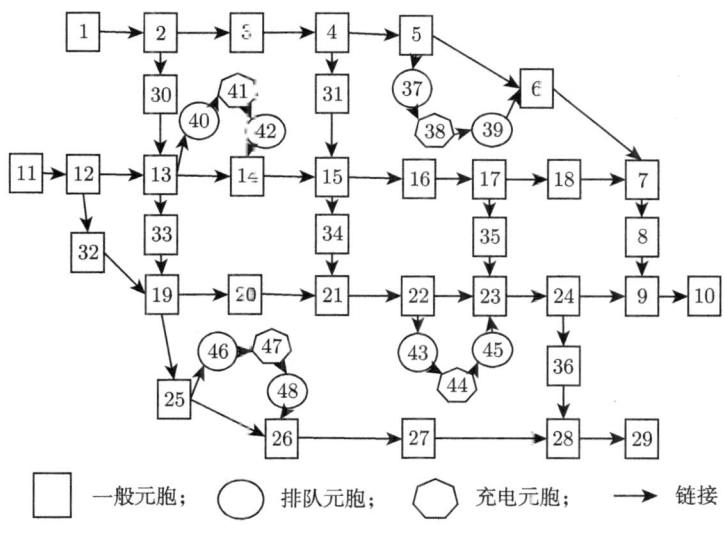

□ 一般元胞；　○ 排队元胞；　⬡ 充电元胞；　→ 链接

图 A.1　所研究道路网络的元胞示意图

表 A.1　单车道研究网络的元胞特性

| 参数 | 数值 |
| --- | --- |
| $v_f/(m·h^{-1})$ | 50 |
| $\tau/min$ | 6 |
| $L_C/mile$ | 5 |
| $\xi_i$ | 0 |
| $\delta$ | 1 |
| 元胞数量 | 48 |

续表

| 参数 | 数值 |
| --- | --- |
| 充电桩数量 | 80 |
| $Q_i$ (veh·$\tau^{-1}$) | 200 |
| $N_i$/veh | 1000 |
| $NC_i$/veh | 20 |
| $NP_i$/veh | 100 |
| $\alpha_{i,I}^t$ | 4 |
| $L_{\text{avg}}$/mile | 125 |
| $L$ | 25 |
| $T_d$/min | 20 |

表 A.2 改进的 Nguyen-Dupuis 网络的路线设置

| 起讫点编号 | 路线编号 | 路线中的元胞 |
| --- | --- | --- |
| 1 | 1 | 1,2,3,4,5,6,7,8,9,10 |
| 1 | 2 | 1,2,3,4,5,37,38,39,6,7,8,9,10 |
| 1 | 3 | 1,2,3,4,31,15,16,17,18,7,8,9,10 |
| 1 | 4 | 1,2,3,4,31,15,16,17,35,23,24,9,10 |
| 1 | 5 | 1,2,3,4,31,15,34,21,22,23,24,9,10 |
| 1 | 6 | 1,2,3,4,31,15,34,21,22,43,44,45,23,24,9,10 |
| 1 | 7 | 1,2,30,13,14,15,16,17,18,7,8,9,10 |
| 1 | 8 | 1,2,30,13,14,15,16,17,35,23,24,9,10 |
| 1 | 9 | 1,2,30,13,14,15,34,21,22,23,24,9,10 |
| 1 | 10 | 1,2,30,13,14,15,34,21,22,43,44,45,23,24,9,10 |
| 1 | 11 | 1,2,30,13,40,41,42,14,15,16,17,18,7,8,9,10 |
| 1 | 12 | 1,2,30,13,40,41,42,14,15,16,17,35,23,24,9,10 |
| 1 | 13 | 1,2,30,13,40,41,42,14,15,34,21,22,23,24,9,10 |
| 1 | 14 | 1,2,30,13,40,41,42,14,15,34,21,22,43,44,45,23,24,9,10 |
| 1 | 15 | 1,2,30,13,33,19,20,21,22,23,24,9,10 |
| 1 | 16 | 1,2,30,13,33,19,20,21,22,43,44,45,23,24,9,10 |
| 2 | 17 | 1,2,3,4,31,15,16,17,35,23,24,36,28,29 |
| 2 | 18 | 1,2,3,4,31,15,34,21,22,23,24,36,28,29 |
| 2 | 19 | 1,2,3,4,31,15,34,21,22,43,44,45,23,24,36,28,29 |
| 2 | 20 | 1,2,30,13,14,15,16,17,35,23,24,36,28,29 |
| 2 | 21 | 1,2,30,13,14,15,34,21,22,23,24,36,28,29 |
| 2 | 22 | 1,2,30,13,14,15,34,21,22,43,44,45,23,24,36,28,29 |

## 附录 A 考虑快充站故障的电动汽车充电网络韧性评估补充信息

续表

| 起讫点编号 | 路线编号 | 路线中的元胞 |
| --- | --- | --- |
| 2 | 23 | 1,2,30,13,40,41,42,14,15,16,17,35,23,24,36,28,29 |
| 2 | 24 | 1,2,30,13,40,41,42,14,15,34,21,22,23,24,36,28,29 |
| 2 | 25 | 1,2,30,13,40,41,42,14,15,34,21,22,43,44,45,23,24,36,28,29 |
| 2 | 26 | 1,2,30,13,33,19,20,21,22,23,24,36,28,29 |
| 2 | 27 | 1,2,30,13,33,19,20,21,22,43,44,45,23,24,36,28,29 |
| 2 | 28 | 1,2,30,13,33,19,25,26,27,28,29 |
| 2 | 29 | 1,2,30,13,33,19,25,46,47,48,26,27,28,29 |
| 3 | 30 | 11,12,13,14,15,16,17,18,7,8,9,10 |
| 3 | 31 | 11,12,13,14,15,16,17,35,23,24,9,10 |
| 3 | 32 | 11,12,13,14,15,34,21,22,23,24,9,10 |
| 3 | 33 | 11,12,13,14,15,34,21,22,43,44,45,23,24,9,10 |
| 3 | 34 | 11,12,13,40,41,42,14,15,16,17,18,7,8,9,10 |
| 3 | 35 | 11,12,13,40,41,42,14,15,16,17,35,23,24,9,10 |
| 3 | 36 | 11,12,13,40,41,42,14,15,34,21,22,23,24,9,10 |
| 3 | 37 | 11,12,13,40,41,42,14,15,34,21,22,43,44,45,23,24,9,10 |
| 3 | 38 | 11,12,13,33,19,20,21,22,23,24,9,10 |
| 3 | 39 | 11,12,13,33,19,20,21,22,43,44,45,23,24,9,10 |
| 3 | 40 | 11,12,32,19,20,21,22,23,24,9,10 |
| 3 | 41 | 11,12,32,19,20,21,22,43,44,45,23,24,9,10 |
| 4 | 42 | 11,12,13,14,15,16,17,35,23,24,36,28,29 |
| 4 | 43 | 11,12,13,14,15,34,21,22,23,24,36,28,29 |
| 4 | 44 | 11,12,13,14,15,34,21,22,43,44,45,23,24,36,28,29 |
| 4 | 45 | 11,12,13,40,41,42,14,15,16,17,35,23,24,36,28,29 |
| 4 | 46 | 11,12,13,40,41,42,14,15,34,21,22,23,24,36,28,29 |
| 4 | 47 | 11,12,13,40,41,42,14,15,34,21,22,43,44,45,23,24,36,28,29 |
| 4 | 48 | 11,12,13,33,19,20,21,22,23,24,36,28,29 |
| 4 | 49 | 11,12,13,33,19,20,21,22,43,44,45,23,24,36,28,29 |
| 4 | 50 | 11,12,13,33,19,25,26,27,28,29 |
| 4 | 51 | 11,12,32,19,20,21,22,23,24,36,28,29 |
| 4 | 52 | 11,12,32,19,20,21,22,43,44,45,23,24,36,28,29 |
| 4 | 53 | 11,12,32,19,25,26,27,28,29 |
| 4 | 54 | 11,12,32,19,25,46,47,48,26,27,28,29 |
| 4 | 55 | 11,12,13,33,19,25,46,47,48,26,27,28,29 |

## A.2 系统最优（SO）条件

系统最优（SO）条件意味着存在一个中央控制系统，它致力于使整个系统的总出行时间最小化，而非着眼于个体的出行时间。只有当所有车辆协同合作而非各自为战时，这种情况才会出现。因此，充电行为和路线选择行为均由目标函数决定。

具有不同初始荷电状态的交通分配由决策变量 $d_i^{l,r}(t)$ 表示。目标函数用于控制初始荷电状态为 $l$ 的电动汽车在何时（$t$）从 $i$ 处出发，以及选择哪条路线（$r$），以使总出行时间最短。快速充电站被视为路线的一个组成部分。经过快速充电站的路线和不经过的路线被标记为两条不同的路线。因此，每辆电动汽车的具体路线、出发时间和充电地点都由目标函数驱动的解决方案决定。充电时间也由电动汽车当前的荷电状态以及到目的地的剩余距离决定。目标函数意味着电动汽车在途中尽可能少充电，以使其出行时间最短，并且充电后的能量水平（荷电状态，即原始荷电状态加上所充电量）要确保它能够在不耗尽能量的情况下到达目的地或下一个充电站。

我们列出相关参数和变量，以便读者能更好地理解它们之间的关系：

$$总出行时间 = \sum\{个体出行时间\}$$

$$个体出行时间 = 行驶时间（C_\text{G}）+ 充电时间（C_\text{C}）+ 等待时间（C_\text{Q}）$$

$$充电时间 =（剩余距离 - 当前电量水平 \times cl \times 续航里程系数）/ 充电速度 \times cl \times 续航里程系数$$

$$等待时间 = 充电时间 + 排在前面的电动汽车所耗费的等待时间$$

$$行驶时间 = 考虑交通状况时在特定路线上所耗费的时间$$

需要注意的是，系统最优-元胞传输模型-电动汽车充电（SO-CTM-E&C）模型的目标函数并非通过累加个体出行时间来计算所有车辆的总出行时间，而是直接通过所有元胞中车辆的累计呈现时间来计算所有车辆的总出行时间。

## A.3 先进先出

SO-CTM-E&C 模型不包含先进先出（FIFO）约束。流量遵循系统最优（SO）原则。实际上，现有的针对多目的地网络的系统最优动态交通分配模型很少考虑 FIFO 约束[131]，并且其中大多数模型都违背了 FIFO 原则[49,164-165]。在动态交通分配模型中，FIFO 要求会导致一组非凸约束[166]，这可能会增加动态交通分配模型的复杂性。另外，在实际交通中，FIFO 原则通常会被违背，交通拥堵越严重，FIFO 的违背情况越严重[167]。文献 [168] 指出："对于动态用户均衡状态，假设精确的起讫点先进先出已不再合理，因为在路段上 FIFO 原则甚至都会被违背。"此外，本书旨在从系统层面和统计角度，开发一个方法框架，将其用于研究不同充电站故障场景下的电气化交通系统的韧性。且本书关注的是在系统层面不同故障场景对电气化交通系统的影响程度，以及系统从故障中恢复所需的时间。因此，电动汽车到达特定地点的具体顺序并非本书关注的重点。

## A.4 说明性示例

本节的目的是通过极为简单的示例，阐释所提出的系统最优动态交通分配-电动汽车充电（SO-DTA-E&C）模型的性能。

图A.2展示了所研究的简易网络。该研究网络中有 21 个元胞、24 条路段、1 对起讫点（O-D）、3 个快速充电站以及 7 条路线（如表A.3所示）。路线 1 是从起点到终点的最短路径，选择此路线需消耗 7 个能量等级。因此，根据约束条件 (2.29)，只有当电动汽车的初始能量等级大于或等于 8 时，它才能被分配到路线 1，该约束条件确保无论何时何地，电动汽车的能量等级都必须大于或等于 1。最长的路径是路线 7，选择此路线需要 9 个能量等级。到达快速充电站 14、20 和 17 分别至少需要 2 个、3 个和 5 个能量等级。选择路线 2 和路线 3 消耗的能量等级相同，然而，选择路线 4 消耗的能量等级比选择它们消耗的能量等级更多，选择这些路线意味着电动汽车要在途中充电。选择路线 5 和路线 6 意味着电动汽车要在途中充电两次。

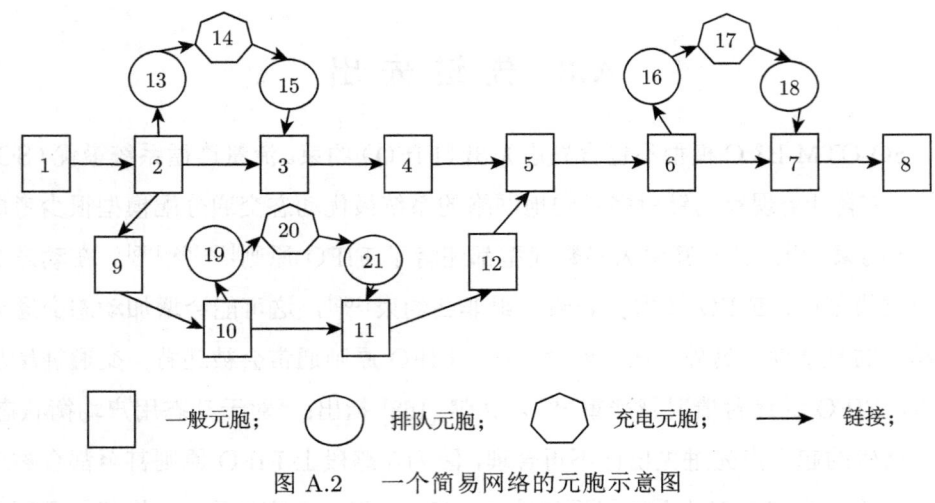

图 A.2　一个简易网络的元胞示意图

表 A.3　所研究网络的路线设置

| 起讫点编号 | 路线编号 | 路线中的元胞 |
|---|---|---|
| 1 | 1 | 1,2,3,4,5,6,7,8 |
| 1 | 2 | 1,2,13,14,15,3,4,5,6,7,8 |
| 1 | 3 | 1,2,3,4,5,6,16,17,18,7,8 |
| 1 | 4 | 1,2,9,10,19,20,21,11,12,5,6,7,8 |
| 1 | 5 | 1,2,13,14,15,3,4,5,6,16,17,18,7,8 |
| 1 | 6 | 1,2,9,10,19,20,21,11,12,5,6,16,17,18,7,8 |
| 1 | 7 | 1,2,9,10,11,12,5,6,7,8 |

## A.4.1　场景 1

在这个例子中,我们测试当这些能量不足的交通需求无法到达最近的快速充电站时,所提出的模型如何进行交通分配。表A.4显示,在时刻 0,分别有两辆电动汽车,其能量水平为 1 和 2。

表A.5列出了通过所提出模型得到的解决方案。表中的每个数字代表在时刻 $t$,沿着所有路线且能量水平为 $e$ 的电动汽车在元胞 $i$ 中的累计占有率 $(ax_i^e(t))$,其中 $ax_i^e(t) = \sum_{r \in \mathcal{R}} x_i^{e,r}(t)$。从表A.5中我们可以观察到,能量不足的电动汽车就停留在起点,不会移动。

## 附录 A 考虑快充站故障的电动汽车充电网络韧性评估补充信息

表 A.4 需求场景 1 的概况

| O-D 对 | IEL | 0 时刻的出行需求 |
|---|---|---|
| 1-8 | 1 | 1 |
| 1-8 | 2 | 1 |
| 1-8 | 3~25 | 0 |

表 A.5 需求场景 1 下的元胞累计占有率 $ax_i^e(t)$

| $(i,e)$ | $t$ | | | | | | | | | |
|---|---|---|---|---|---|---|---|---|---|---|
| | 0 | 1 | 2 | 3 | 4 | 5 | 6 | 7 | 8 | 9 |
| (1,1) | 0 | 1 | 1 | 1 | 1 | 1 | - | 1 | 1 | 1 |
| (1,2) | 0 | 1 | 1 | 1 | 1 | 1 | - | 1 | 1 | 1 |

### A.4.2 场景 2

上述示例阐释了在系统最优原则下快速充电站的选择行为。表A.6展示了交通需求场景 2 的概况。表A.7展示了需求场景 2 下的交通分配 $d_1^{e,r}(t)$。从图A.2可知，所有电动汽车都无法选择最短路径，并且需要在途中充电。

表 A.6 需求场景 2 的概况

| O-D 对 | IEL | 0 时刻的出行需求 |
|---|---|---|
| 1-8 | 3 | 2 |
| 1-8 | 4 | 2 |
| 1-8 | 5 | 2 |
| 1-8 | 6 | 1 |
| 1-8 | 7 | 1 |
| 1-8 | 其他 | 0 |

表A.8显示，6 辆电动汽车被分配到路线 2，并在仅配备 2 个充电桩的快速充电站 14 充电，因此，该充电站成为交通瓶颈。一辆能量水平为 7 的电动汽车被分配到路线 3 并在快速充电站 17 充电，与其选择路线 2 并在快速充电站 14 充电相比，其行驶距离相同。这种分配有助于缓解快速充电站 14 的拥堵。由于有一辆电动汽车的初始能量水平仅为 6，它被分配到路线 4，并在快速充电站 20 充电，与选择路线 2 和 3 相比，这会花费更多的时间和能量，但这样的分配有助于将总出行时间降至最短。因此，我们可以了解到，如果某个快速

充电站成为交通瓶颈,目标函数会尝试通过将电动汽车分配到更远的快速充电站,或者将其分配到那些耗时和耗能更多的快速充电站(前提是其电池电量允许它们在不耗尽电量的情况下到达这些充电站)来缓解这种情况,否则这些电动汽车即使面临很长的排队时间,也只能等待。等待地点可能是排队元胞或起始元胞,这取决于哪种分配方式能使总出行时间最短。例如,如果排队元胞出现交通拥堵和电动汽车排队的情况,那么道路通行能力和快速充电站都会成为交通瓶颈。此时有充电需求的电动汽车离开起始点,将会增加总出行时间,因为这些电动汽车会占用有限的道路通行能力。在这种情况下,目标函数会让它们暂时留在起始点,并在合适的时间出发,以尽量减少总出行时间。再如,如果交通瓶颈仅出现在快速充电站,那么电动汽车在起始元胞等待还是在排队元胞等待对总出行时间都没有影响。这种情况可以在表A.7中看到,沿着路线 2 且能量水平为 3 的一辆电动汽车在时间间隔 1 离开起始点,在排队元胞 13 等待,另一辆电动汽车在时间间隔 4 离开起始点,在起始元胞 1 等待,它们都在时间间隔 6 在充电元胞 14 充电。总之,所有分配,包括电动汽车的出发时间和等待地点,都遵循系统最优原则。

表 A.7　需求场景 2 下的交通分配 $d_1^{e,r}(t)$

| $(l,r)$ | $t=0$ |
|---|---|
| (3,2) | 2 |
| (4,2) | 2 |
| (5,2) | 2 |
| (6,4) | 1 |
| (7,3) | 1 |

表A.8展示了起始元胞、排队元胞以及充电元胞中的电动汽车占有率(充电元胞占有率以粗体显示)。在时间间隔 3,有 5 辆电动汽车沿着路线 2 穿过排队元胞 13。在下一个时间间隔,两辆能量水平为 3 的电动汽车流入充电元胞 14,并充电一个时间间隔,其能量水平均变为 7。然后,这两辆电动汽车流入排队元胞 15,另外两辆能量水平为 4 的电动汽车流入充电元胞 14。在时间间隔 6,另外两辆能量水平为 2 的电动汽车流入充电元胞 14,它们停留两个

时间间隔,其能量水平均变为10。从这个例子我们可以看出,在所提出的模型中,电动汽车的充电时间可能有所不同。这取决于电动汽车当前的能量水平以及到目的地或下一个快速充电站的剩余距离。

表 A.8 需求场景 2 下特定元胞的电动汽车占有率 $x_i^{e,r}(t)$

| (i, l, r) | $t$ | | | | | | | | |
|---|---|---|---|---|---|---|---|---|---|
| | 1 | 2 | 3 | 4 | 5 | 6 | 7 | 8 | 9 |
| (1, 3, 2) | 2 | 1 | 1 | - | - | - | - | - | - |
| (1, 4, 2) | 2 | - | - | - | - | - | - | - | - |
| (1, 5, 2) | 2 | - | - | - | - | - | - | - | - |
| (1, 6, 4) | 1 | - | - | - | - | - | - | - | - |
| (1, 7, 3) | 1 | - | - | - | - | - | - | - | - |
| (13, 2, 2) | - | - | 1 | 1 | 2 | - | - | - | - |
| (13, 3, 2) | - | - | 2 | - | - | - | - | - | - |
| (13, 4, 2) | - | - | 2 | 2 | - | - | - | - | - |
| (14, 6, 2) | - | - | - | - | - | 2 | - | - | - |
| (14, 7, 2) | - | - | - | 2 | - | - | - | - | - |
| (14, 8, 2) | - | - | - | - | 2 | - | - | - | - |
| (14, 10, 2) | - | - | - | - | - | - | 2 | - | - |
| (15, 7, 2) | - | - | - | - | 2 | - | - | - | - |
| (15, 8, 2) | - | - | - | - | - | 2 | - | - | - |
| (15, 10, 2) | - | - | - | - | - | - | - | 2 | - |
| (16, 2, 3) | - | - | - | - | - | - | 1 | - | - |
| (17, 6, 3) | - | - | - | - | - | - | - | 1 | - |
| (18, 6, 3) | - | - | - | - | - | - | - | - | 1 |
| (19, 3, 4) | - | - | - | - | 1 | - | - | - | - |
| (20, 7, 4) | - | - | - | - | - | 1 | - | - | - |
| (21, 7, 4) | - | - | - | - | - | - | 1 | - | - |

## A.4.3 场景 3

场景3展示了一种只有部分充电桩故障而其他充电桩仍能工作的情景,以表明所提出的模型能够处理此类情况。在第一阶段,采用了A.4.2节中的场景2。在第二阶段,快速充电站 14 中的一个充电桩在时间间隔 4 和 5 发生故障,即 $NC_{14}(t) = 1, t \in \{4,5\}$,且 $NC_{14}(t) = 2, t \in T_d/\{4,5\}$ 表示相关的时间区间集合,这里指除去 4 和 5 的其他时间区间。表A.9展示了此场景下特定元胞的电动汽车占有率。其他元胞的占有率与表A.8相同,在此省略。在时间间隔 5 和 6,快速充电站 14 中只有一辆电动汽车在充电。在时间间隔 7,充电桩恢复后,该快速充电站又能同时为两辆电动汽车充电了。

表 A.9 在需求场景 3〔在 $NC_{14}(t)$ 情形下〕特定元胞的电动汽车占有率 $x_i^{e,r}(t)$

| (i,e,r) | t | | | | | | | | |
|---|---|---|---|---|---|---|---|---|---|
| | 1 | 2 | 3 | 4 | 5 | 6 | 7 | 8 | 9 |
| (13, 2, 2) | - | - | 1 | 1 | 1 | 2 | - | - | - |
| (13, 3, 2) | - | - | 2 | - | - | - | - | - | - |
| (13, 4, 2) | - | - | 2 | 2 | 1 | - | - | - | - |
| (14, 6, 2) | - | - | - | - | - | - | 2 | - | - |
| (14, 7, 2) | - | - | - | 2 | - | - | - | - | - |
| (14, 8, 2) | - | - | - | - | 1 | 1 | - | - | - |
| (14, 10, 2) | - | - | - | - | - | - | - | 2 | - |
| (15, 7, 2) | - | - | - | - | 2 | - | - | - | - |
| (15, 8, 2) | - | - | - | - | - | 1 | 1 | - | - |
| (15, 10, 2) | - | - | - | - | - | - | - | - | 2 |

## A.4.4 场景 4

场景 4 旨在表明,如有需要,电动汽车可被安排多次充电,且不会超出实际需求。当目的地距离较远且电动汽车电池容量有限时,这种情况就可能出现。为模拟该场景,最大能量等级被重新设定为 6。随着这一变化,其他参数也应相应调整,但这些调整不会影响结果,因此在此省略其修改细节。在此示例中,假设仅有一辆能量等级为 3 的电动汽车。运行系统最优动态交通分配-电动汽车充电(SO-DTA-E&C)模型后,这辆电动汽车被分配到路线 5。表A.10展示了在该需求场景下特定元胞的电动汽车占有率的详细信息。从该场景可以看出,SO-DTA-E&C 模型能够允许电动汽车在途中多次充电,且不超出其电池容量。实际上,正是由于电动汽车电池容量有限且目的地过远,所以它们才会在途中多次充电。

表 A.10　在需求场景 4 下特定元胞的电动汽车占有率 $x_i^{e,r}(t)$

| $(i,e,r)$ | $t$ | | | | | | | | |
|---|---|---|---|---|---|---|---|---|---|
| | 3 | 4 | 5 | ... | 10 | 11 | 12 | 13 | 14 |
| (13, 2, 5) | 1 | - | - | ... | - | - | - | - | - |
| (14, 6, 5) | - | 1 | - | ... | - | - | - | - | - |
| (15, 6, 5) | - | - | 1 | ... | - | - | - | - | - |
| (16, 2, 5) | - | - | - | ... | 1 | - | - | - | - |
| (17, 6, 5) | - | - | - | ... | - | 1 | - | - | - |
| (18, 6, 5) | - | - | - | ... | - | - | 1 | - | - |
| (7, 5, 5) | - | - | - | ... | - | - | - | 1 | - |
| (8, 4, 5) | - | - | - | ... | - | - | - | - | 1 |

## A.5　计算时间

本书考虑了一个改良的苏福尔斯（Sioux-Falls, SF）网络[52]。该网络由 123 个元胞、157 条链路和 6 个起讫点（O-D）对组成。网络中有 3 个快速充电站，分别为 590、591 和 621，它们配备的充电桩数量分别为 20 个、40 个和 20 个。其他参数设置与阮-迪皮伊（Nguyen-Dupuis, ND）网络的情况相同。此示例的详细配置已上传至如下网站：https://pan.baidu.com/s/1HjEb36zoC-9EKaRF5ZSPQA?pwd=k349。所有实验均在一台配备英特尔酷睿 i7-8700 3.2-GHz CPU 及 32 GB 内存的计算机上运行。所有线性规划问题均通过商业软件 IBM ILOG CPLEX（版本 12.6）求解。

我们将所提出的结合电动汽车电量状态的系统最优动态交通分配-电动汽车充电模型（SO-DTA-E&C 模型）的计算时间，与不考虑电动汽车 SoC 跟踪和能量充电的经典的基于元胞传输模型的系统最优动态交通分配模型进行比较。为了明确 SoC 跟踪所带来的额外计算成本，并保证比较的公平性，在 SO-DTA-E&C 模型中，所有电动汽车的初始 SoC 都设置为满电状态，这样两个模型都不存在充电需求。如表A.11所示，与经典的基于 CTM 的模型相比，无论是在 SF 网络中还是在 ND 网络中，所提出模型的计算时间都显著增加。这就是我们为考虑跟踪电动汽车 SoC 所必须付出的代价。

表A.12报告了在 ND 网络和 SF 网络中求解第一阶段和第二阶段模型所需

的计算时间。在 SF 网络的情况中，假设快速充电站 621 发生故障。本书考虑了不同电动汽车渗透率的场景，以展示计算时间的最小值和最大值。

表 A.11 通过两种方法求解系统最优动态交通分配（SO-DTA）问题所需的 CPU 时间

| 网络 | $T_h$（时间步长） | SO-DTA-E&C/秒 | CTM/秒 |
|---|---|---|---|
| Nguyen-Dupuis | 31 | 14.42 | 8.09 |
| Sioux-Falls | 33 | 8.02 | 1.08 |

表 A.12 解决不同场景所需的 CPU 时间

| 网络 | 场景 | 第一阶段 | | 第二阶段 | |
|---|---|---|---|---|---|
| | | $T_h$ | 解决时间/秒 | $T_h$ | 解决时间/秒 |
| Nguyen-Dupuis | 渗透率 | 36~67 | 234.41~888.95 | 36~75 | 507.28~3 569.78 |
| | 时长 | 39 | 316.39 | 42~56 | 857.14~1 758.38 |
| | 位置 | 39 | 316.39 | 39~46 | 665.25~1 064.56 |
| | 组合 | 39 | 316.39 | 39~46 | 650.17~1 163.2 |
| Sioux-Falls | 渗透率 | 38~82 | 93.59~729.95 | 42~82 | 901.06~5 863.02 |

计算时间受多种因素影响，例如最大时间跨度、交通需求、ERN 的拓扑结构、快速充电站的配置、电动汽车的渗透率及其电池容量。需要注意的是，所提出的模型属于线性规划模型，可使用标准的多项式时间算法（如内点算法）高效求解。尽管在某些极端场景下计算时间不短（例如，当电动汽车渗透率为 50% 时，计算时间为 1.6 小时），但鉴于韧性评估可以离线进行，计算成本通常并非其主要关注点。

就链路和交叉节点的数量而言，与城市级别的集散道路网络相比，改良后的 SF 网络的规模不算大。然而，它涵盖了该问题的所有相关方面，因此以下两点足以展示所提出模型的性能。① ND 网络和 SF 网络在文献 [40]、[67]、[131]、[169]、[170] 中常被用于展示交通模型的有效性。这两个网络都体现了现实系统的重要结构特征。本书聚焦于配备快速充电站的高速公路网络（主干道），与城市级集散道路网络相比，其结构通常更为简单（例如交叉路口较少）。因此，所采用的 ND 网络和 SF 网络针对我们关注的问题，在结构复杂度上已足够。此外，在示例中，我们对 ND 网络和 SF 网络的道路长度都进行了修改。修改后的 ND 网络和 SF 网络的总长度（不包括充电元胞和排队元胞）分别为 289.682 km 和 917.326 km。后者已超过许多国家的高速公路总长度，如乌克兰（193 km）、挪威（599 km）和芬兰（863 km）。② 对于规模确实很大的网络，为了在合理的计算时间内完成计算，我们可以使用比本次数值实验中所用的个人笔记本计算机更强大的计算资源，或者通过增大时间间隔 $\tau$ 来更新交通状态。后者会减少网络中的元胞数量，从而降低内存需求并缩短计算时间，尽管代价是结果的精细度会有所降低。在本书中，我们对所使用的 SF 网络进行了修改，以比较不同时间间隔下的计算时间，其中起讫点对增加到了 26 对。计算时间的对比情况如表 A.13 所示。此示例的详细配置已上传至如下网站：https://pan.baidu.com/s/1HjE536zo9-9EKaRF5ZSPQA?pwd=k349。

表 A.13 不同时间间隔场景下 SF 网络所需的 CPU 时间

| 阶段 | 计算时间 | |
| --- | --- | --- |
|  | $\tau = 6$ min | $\tau = 12$ min |
| 第一阶段 | 345.81 s | 28.22 s |
| 第二阶段 | 3 698.83 s | 89.08 s |

# 附录 B

# "不同决策环境下的动态交通-电力系统协同"使用数据说明

本书使用了一个改进的 ERN[37] 和 PDN 来说明所提出的方法。图 B.1 和图 B.2 展示了改进后的 RN 和 PN。如图 B.1 所示,在每个 FCS 中配备了一种类型的充电桩。充电链路和发电机上的绿色标记表示由可再生能源供电的相应的 FCS 和发电机。充电链路与母线之间的详细连接被列于表 B.1 中。本书使用的

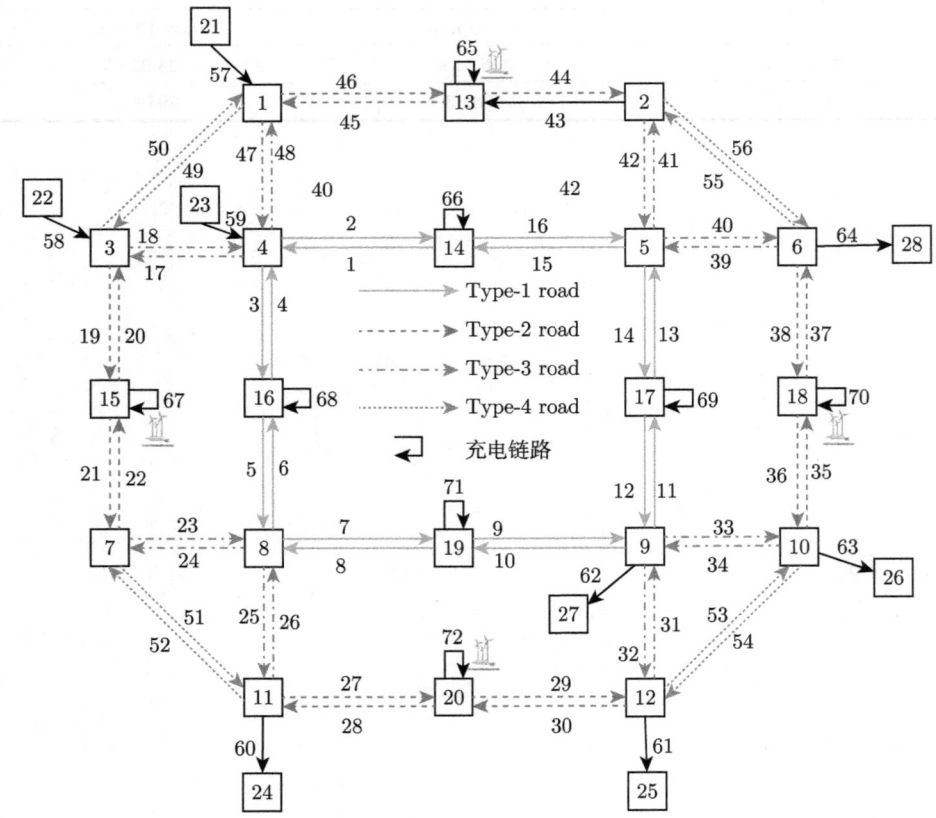

图 B.1 所研究的 ERN

## 附录 B "不同决策环境下的动态交通-电力系统协同"使用数据说明

参数被列于表 B.2 和表 B.3 中。为简化起见，我们假设只有一种类型的 EV，其电池容量为 25 千瓦时，最大能量水平为 20。总交通需求被列于表 B.4 中。所研究的 RN 和 PN 的更多详细数据可在补充材料[161]中找到。

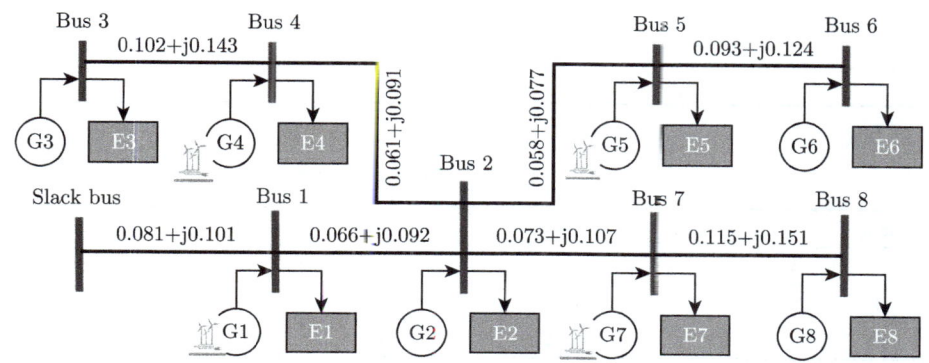

图 B.2 所研究的 PDN

表 B.1 充电链路与母线之间的连接

| 充电链路 | 母线 |
|---|---|
| 65 | 1 |
| 66 | 2 |
| 67 | 4 |
| 68 | 3 |
| 69 | 6 |
| 70 | 5 |
| 71 | 8 |
| 72 | 7 |

表 B.2 所研究的耦合交通-电力系统的参数

| 参数 | 数值 |
|---|---|
| $v_f/(\text{m} \cdot \text{h}^{-1})$ | 50 |
| $k_{jam}/(\text{veh} \cdot \text{m}^{-1})$ | 214 |
| $\tau/\text{min}$ | 6 |
| $q_{max}/(\text{veh} \cdot \text{h}^{-1} \cdot \text{lane}^{-1})$ | 2160 |
| $p_a^{ev}/\text{kW}$ | 50 |
| $\eta/(\text{kMh} \cdot \text{mile}^{-1})$ | 0.25 |
| $\phi/(\$ \cdot \text{h}^{-1})$ | 10 |

续表

| 参数 | 数值 |
|---|---|
| $C$ | 1 |
| $E_c$ | 20 |
| $B_c$/kWh | 26 |
| $NC_a(t)$ | 15 |
| $\alpha_a^t$ (EL/$\delta$) | 4 |

表 B.3  所研究的 ERN 的参数

| 道路 | 类型 1 | 类型 2 | 类型 3 | 类型 4 | 充电 |
|---|---|---|---|---|---|
| $\nu_a$ | 2 | 2 | 4 | 6 | 0 |
| $\beta_a$ | 2 | 2 | 4 | 6 | 0 |
| $\rho_a$ | 2 | 2 | 4 | 6 | 0 |

表 B.4  O-D 对及其出行率（以 P.U. 表示）

| O-D 对 | 传统车辆 | EV | O-D 对 | 传统车辆 | EV |
|---|---|---|---|---|---|
| 21-28 | 30 | 15 | 22-28 | 30 | 15 |
| 21-26 | 60 | 30 | 22-26 | 50 | 25 |
| 21-24 | 40 | 20 | 22-24 | 40 | 20 |
| 21-25 | 40 | 20 | 22-25 | 50 | 25 |
| 23-27 | 50 | 15 | 23-26 | 40 | 20 |
| 23-25 | 40 | 20 | | | |

# 附录 C
# "交通-电力系统的最优灾后重构" 使用数据说明

NC 部分高速公路网络如图 6.2 所示。该研究网络使用的参数被列于表 C.1 和表 C.2。节点 ID、其对应的城镇或城市名称及其所在区域的人口数量被列于表 C.3。作为起源-汇合节点的城市或城镇是指人口数量超过 11 000 的地区。根据这些节点之间的地理距离和人口情况,采用引力模型生成每日交通需求。引力模型的通用形式[171]通常写作 $f_{od} = P_o^{\alpha} P_d^{\beta} / D_{od}^{\gamma}$,其中 $P_o$ 和 $P_d$ 分别是起点 $a$ 和终点 $d$ 的人口规模,$D_{od}$ 是它们之间的最短距离,$\alpha$、$\beta$ 和 $\gamma$ 是拟合参数。在本书中,我们设置 $\alpha = \beta = 0.92$ 和 $\gamma = 1$。为了考虑最坏情况,我们采用了 17:00 至 18:00 时段的交通流量数据。根据基础的时段交通模式[172],该时段为高峰期,占据了日交通量的约 15.3%。交通量通常表现出方向性差异,并且很难获得适用于每个 O-D 对的按方向划分的时间段出行统计数据[172]。我们为合理简化 O-D 对设置,仅为每个 O-D 对随机选择一个方向,而忽略另一个方向的交通量。获得的交通需求如表 C.4 所示。根据文献 [173],美国的电力需求与交通量具有相似的高峰时段,并且在此期间需求变化不大。为简化起见,假设每个母线的基荷在此期间恒定,并遵循标准测试数据[63]。

表 C.1 所研究的高速公路网络的参数

| 链路 ID | 起点 | 终点 | $\nu_a$ | $\beta_a$ | $\rho_a$ | 类型 | $L_a k_{jam}$ | $f_a^I / f_a^O$ | 车道数 |
|---|---|---|---|---|---|---|---|---|---|
| 1/101 | 2/1 | 1/2 | 5 | 10 | 5 | G | 13 910 | 500 | 2 |
| 2/102 | 2/3 | 3/2 | 3 | 6 | 3 | G | 8 346 | 500 | 2 |
| 3/103 | 3/8 | 8/3 | 4 | 8 | 4 | G | 5 564 | 250 | 1 |
| 4/104 | 1/5 | 5/1 | 3 | 6 | 3 | G | 8 346 | 500 | 2 |
| 5/105 | 2/5 | 5/2 | 3 | 6 | 3 | G | 8 346 | 500 | 2 |
| 6/106 | 2/6 | 6/2 | 3 | 6 | 3 | G | 8 346 | 500 | 2 |
| 7/107 | 3/4 | 4/3 | 1 | 2 | 1 | G | 1 391 | 250 | 1 |
| 8/108 | 5/6 | 6/5 | 1 | 2 | 1 | G | 2 782 | 500 | 2 |
| 9/109 | 4/6 | 6/4 | 3 | 6 | 3 | G | 4 173 | 250 | 1 |

续表

| 链路 ID | 起点 | 终点 | $\nu_a$ | $\beta_a$ | $\rho_a$ | 类型 | $L_a k_{\text{jam}}$ | $f_a^{\text{I}}/f_a^{\text{O}}$ | 车道数 |
|---|---|---|---|---|---|---|---|---|---|
| 10/110 | 4/7 | 7/4 | 2 | 4 | 2 | G | 2 782 | 250 | 1 |
| 11/111 | 4/8 | 8/4 | 3 | 6 | 3 | G | 4 173 | 250 | 1 |
| 12/112 | 6/7 | 7/6 | 5 | 10 | 5 | G | 13 910 | 500 | 2 |
| 13/113 | 6/7 | 7/6 | 5 | 10 | 5 | G | 6 955 | 250 | 1 |
| 14/114 | 7/8 | 8/7 | 2 | 4 | 2 | G | 5 564 | 500 | 2 |
| 15/115 | 7/8 | 8/7 | 2 | 4 | 2 | G | 2 782 | 250 | 1 |
| 16/116 | 1/10 | 10/1 | 4 | 8 | 4 | G | 11 128 | 500 | 2 |
| 17/117 | 10/14 | 14/10 | 3 | 6 | 3 | G | 8 346 | 500 | 2 |
| 18/118 | 5/15 | 14/5 | 5 | 10 | 5 | G | 6 955 | 250 | 1 |
| 19/119 | 11/14 | 14/11 | 2 | 4 | 2 | G | 5 564 | 500 | 2 |
| 20/120 | 5/9 | 9/5 | 2 | 4 | 2 | G | 5 564 | 500 | 2 |
| 21/121 | 6/9 | 9/6 | 2 | 4 | 2 | G | 5 564 | 500 | 2 |
| 22/122 | 9/11 | 11/9 | 2 | 4 | 2 | G | 5 564 | 500 | 2 |
| 23/123 | 11/9 | 9/11 | 2 | 4 | 2 | G | 5 564 | 500 | 2 |
| 24/124 | 11/12 | 12/11 | 4 | 4 | 4 | G | 11 128 | 500 | 2 |
| 25/125 | 6/12 | 12/6 | 4 | 4 | 4 | G | 11 128 | 500 | 2 |
| 26/126 | 12/13 | 13/12 | 3 | 6 | 3 | G | 4 173 | 250 | 1 |
| 27/127 | 7/13 | 13/7 | 2 | 4 | 2 | G | 2 782 | 250 | 1 |
| 29/129 | 2/201 | 201/2 | 0 | 0 | 0 | S/R | inf | inf | |
| 30/130 | 10/202 | 202/10 | 0 | 0 | 0 | S/R | inf | inf | |
| 36/136 | 5/203 | 203/5 | 0 | 0 | 0 | S/R | inf | inf | |
| 31/131 | 11/204 | 204/11 | 0 | 0 | 0 | S/R | inf | inf | |
| 32/132 | 12/205 | 205/12 | 0 | 0 | 0 | S/R | inf | inf | |
| 33/133 | 14/206 | 206/14 | 0 | 0 | 0 | S/R | inf | inf | |
| 34/134 | 8/207 | 207/8 | 0 | 0 | 0 | S/R | inf | inf | |
| 35/135 | 3/208 | 208/3 | 0 | 0 | 0 | S/R | inf | inf | |

表 C.2 所研究的耦合交通-电力系统的参数

| 参数 | 数值 |
|---|---|
| $v_{\text{f}}/(\text{m}\cdot\text{h}^{-1})$ | 65 |
| $k_{\text{jam}}/(\text{veh}\cdot\text{m}^{-1})$ | 214 |
| $\tau/\text{min}$ | 6 |
| $q_{\text{max}}/(\text{veh}\cdot\text{h}^{-1}\cdot\text{lane}^{-1})$ | 2500 |
| $p_a^{\text{ev}}/\text{kW}$ | 80 |

## 附录 C  "交通-电力系统的最优灾后重构"使用数据说明

续表

| 参数 | 数值 |
|---|---|
| $\eta/(\text{kMh}\cdot\text{mile}^{-1})$ | 0.4 |
| $\phi/(\$\cdot\text{h}^{-1})$ | 13 |
| $C$ | 1 |
| $E_c$ | 10 |
| $\alpha_a^t\ (\text{EL}/\tau)$ | 3 |
| IEL（电动汽车的初始电量水平） | 3 |

**表 C.3  节点 ID、其对应的城镇或城市名称及其所在区域的人口数量**

| 节点 ID | 名称 | 人口数量 | 节点 ID | 名称 | 人口数量 |
|---|---|---|---|---|---|
| 1 | Zebulon | 4 526 | 2 | Rocky Mount | 56 650 |
| 3 | Tarboro | 11 255 | 4 | Pinetops | 1 351 |
| 5 和 6 | Wilson | 49 436 | 7 | Farmville | 4 695 |
| 8 | Greenville | 86 142 | 9 | Kenly | 1 344 |
| 10 | Raleigh | 418 099 | 11 | Selma & Smithfield | 17 901 |
| 12 | Goldsboro | 35 309 | 13 | Snow Hill | 1 611 |
| 14 | Clayton | 16 529 | | | |

**表 C.4  O-D 对及其交通需求**

| 链路 ID | 节点 ID | 需求 | 链路 ID | 节点 ID | 需求 |
|---|---|---|---|---|---|
| 130 | 203 | 6 460 | 136 | 204 | 620 |
| 129 | 202 | 5 700 | 129 | 208 | 620 |
| 130 | 206 | 5 500 | 133 | 203 | 460 |
| 134 | 202 | 5 380 | 131 | 205 | 460 |
| 130 | 205 | 3 720 | 133 | 204 | 460 |
| 131 | 202 | 3 560 | 131 | 201 | 400 |
| 136 | 201 | 2 400 | 134 | 204 | 380 |
| 129 | 207 | 1 720 | 129 | 206 | 320 |
| 136 | 207 | 1 520 | 136 | 208 | 320 |
| 134 | 205 | 1 120 | 133 | 205 | 280 |
| 130 | 208 | 960 | 134 | 206 | 260 |
| 132 | 203 | 940 | 132 | 208 | 160 |
| 132 | 201 | 760 | 135 | 204 | 100 |
| 135 | 207 | 680 | 135 | 206 | 60 |